AF337428

DES CAUSES

ET DU MÉCANISME

DU BRUIT DE SOUFFLE

PAR

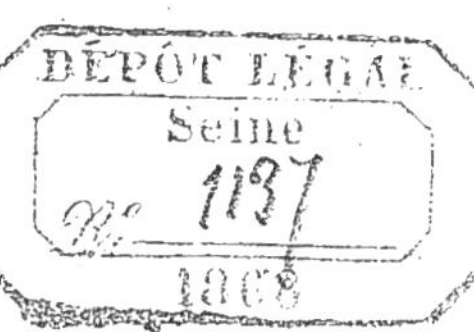

IMPR. Le Dr BERGEON

PARIS

ADRIEN DELAHAYE, LIBRAIRE-EDITEUR

PLACE DE L'ÉCOLE-DE-MÉDECINE

—

1868

Td 18 / 34

A. Parent, imprimeur de la Faculté de Médecine, rue Mr-le-Prince, 31.

TABLE DES MATIÈRES

SECONDE PARTIE.

PHYSIOLOGIE PATHOLOGIQUE.

AVANT-PROPOS

En présence de tant de théories proposées pour expliquer les bruits pathologiques, que l'on désigne sous
le nom générique de bruit de souffle, lorsque des opi-
nions si différentes et contradictoires viennent d'être
émises, il y a quelques mois, au sein de la Société médicale des hôpitaux ; et qu'on voit des auteurs, comme
MM. Germain Sée, dans son Traité des anémies, Monneret, dans une clinique récente, et Depaul, dans le dernier volume du *Dictionnaire des sciences médicales*, adop-
ter chacun une explication opposée, n'est-on pas autorisé
à dire que la véritable cause de ces bruits n'est pas
connue, et que l'expérience n'a pas encore prononcé
son dernier mot?

Lorsqu'en 1858, M. Chauveau lut, à l'Académie de
médecine, son remarquable travail sur les murmures
vasculaires, il fit faire un pas considérable à la question,
en la transportant sur son véritable terrain, celui de la
physique. Beaucoup de médecins se rangèrent à son
opinion. Si aujourd'hui la théorie de M. Chauveau
n'est pas universellement admise, s'il reste encore quelques points contestés, c'est qu'en effet cette théorie ne
saurait s'appliquer à tous les cas où s'entend un bruit
de souffle. Incontestable dans les rétrécissements, elle

est inadmissible pour expliquer le souffle dans d'autres maladies, les insuffisances valvulaires par exemple.

La théorie que je propose n'est point en contradiction avec les idées de M. Chauveau, elle n'en est, en quelque sorte, que l'extension. C'est en appliquant aux vibrations du sang les lois qui régissent les vibrations de tous les liquides; c'est en reproduisant sur des tubes inertes les phénomènes mécaniques qui engendraient chez l'homme certains bruits de souffle, que j'espère arriver à donner une explication plus générale.

Je veux tout d'abord, refuter une objection que l'on entend répéter souvent, et qui, bien que mal fondée, n'en jette pas moins un certain discrédit sur les expériences qui ont la prétention légitime de reproduire les phénomènes mécaniques de la circulation. Vous ne pouvez pas, nous dit-on, conclure des tubes inertes aux tubes vivants; la vie intervient, détermine des phénomènes qui nous échappent, et qu'il serait puéril de chercher à reproduire. Cette objection n'est pas soutenable. J'en pourrais donner comme preuve les nombreuses expériences de Corrigan, Piorry, Aran, de la Harpe (de Lausanne), Monneret, Beau etc., expériences où l'on a pu reproduire, *post mortem*, des bruits de souffle qui avaient existé pendant la vie.

L'inverse a été fait, c'est-à-dire qu'on a pu, sur l'homme vivant, produire des bruits de souffle et les faire disparaître à volonté comme le prouve le fait suivant rapporté par MM. Barth et Roger. «Un jeune homme de 23 ans était affecté d'une ascite considérable, communiquant avec le scrotum par le canal inguinal. En refoulant le liquide de la tunique vaginale dans le ventre et en abandonnant ensuite le flot à lui-même, on entendait au niveau de l'ouverture de communication un bruit semblable à celui d'une voiture roulant dans le lointain. Si l'on exerçait en même temps une pression sur le ventre de manière à faire passer le liquide avec plus de rapidité, du péritoine dans la tunique vaginale, le bruit devenait plus intense et plus sonore; il avait son maximum au niveau même de l'orifice. » (1).

On a reproduit les bruits pathologiques de la circulation en se plaçant dans des conditions purement physiques, ainsi que l'on fait MM. Marey et Chauveau; mais la théorie de M. Chauveau n'est pas assez générale, et elle exige une disposition (rétrécissement suivi de dilatation réelle ou relative) qui n'est pas indispensable à la production du bruit de souffle. En second lieu, la veine fluide, dont parle M. Chauveau, n'est qu'un phénomène secondaire, une conséquence qui se lie forcément à un ébranlement primitif. Aussi M. Marey a-t-il pu dire (2) : « Personne, jusqu'ici, n'a donné la démonstration réellement scientifique de la *cause* des bruits de souffle. »

C'est à l'étude de cette cause que j'ai consacré ce travail en m'appuyant d'une part sur les données de la physique et principalement sur les lois posées par Felix Savart, et d'autre part sur quelques expériences faites avec mes deux amis le D^r Ch. Kastus, professeur à l'école La Martinière, et Victor Bravais, interne des hôpitaux de Lyon.

Je diviserai cette étude en deux parties : partie phy-

(1) *Bulletin de la Société médicale des hôpitaux*, 1852, n° 17, p. 322.
(2) Marey, *Physiologie médicale de la circulation du sang*, p. 468.

sique et expérimentale, partie de physiologie pathologique.

Comme tous les bruits possibles, les bruits de souffle
sont le résultat des vibrations d'un corps, et par conséquent soumis aux lois ordinaires de la physique. C'est
par l'étude de ces lois que je commencerai. Je rechercherai ensuite à produire expérimentalement les conditions mécaniques qui font naître un bruit de souffle ou
en modifient les qualités.

Dans la seconde partie, après un court historique de
la question, j'étudierai les bruits de souffle cardiaques
ou vasculaires, soit qu'ils accompagnent une lésion organique, soit qu'ils se manifestent en l'absence de
toute altération anatomique appréciable.

DES CAUSES

ET DU

MÉCANISME DU BRUIT DE SOUFFLE

PREMIÈRE PARTIE

PARTIE PHYSIQUE ET EXPÉRIMENTALE

I. — Des lois qui régissent la production du son dans certains cas d'écoulement des liquides.

CHAPITRE PREMIER.

Origine première du son. — Analogie des liquides et des gaz : ils obéissent aux mêmes lois acoustiques. — A. Cas d'un orifice rétréci, veine fluide. — B. Mécanisme des tubes a embouchure de flute.

« L'origine première de tous les sons, dit M. Jamin (1), est une série de mouvements alternatifs, mais quelconques, reproduits à des intervalles égaux et très-

(1) *Cours de physique de l'École polytechnique*, 56ᵉ leçon, t. II, p. 441

rapprochés par les molécules d'un corps solide, liquide
ou gazeux. »

On admet en physique que les corps sont constitués
par des molécules séparées entre elles par des espaces
intermoléculaires pouvant augmenter ou diminuer de
volume, sous l'influence de causes telles que des changements de température ou l'application de forces; en
d'autres termes, les corps sont compressibles et exten-
sibles, ils possèdent en outre une troisième propriété en
vertu de laquelle ils réagissent contre ces forces, c'est
l'élasticité.

Or, c'est précisément à l'élasticité que les corps doivent d'exécuter les oscillations qui produisent les sons.

On a cru longtemps, sur la foi des académiciens de
Florence, que les liquides étaient incompressibles : les
physiciens *del cimento* s'appuyaient sur des expériences
ingénieuses. De l'eau, introduite dans des sphères d'or
ou de platine, traversait le métal, sous l'influence d'une
pression considérable et apparaissait à la surface sous
forme de gouttelettes ou d'une légère couche de rosée.
On en concluait que les liquides étaient incompressibles,
tandis qu'en réalité l'expérience ne prouvait qu'une
chose, c'est que la cohésion du métal n'était pas suffisante pour s'opposer au passage du liquide.

En 1761, John Canton reprend la question et, par
une expérimentation plus rigoureuse, arrive à un résultat opposé. Il démontre la compressibilité du liquide
au moyen d'un tube renflé à sa base et terminé par une
extrémité capillaire : le système rempli d'eau, on chauffe,
puis on ferme à la lampe; par le refroidissement, le
niveau baisse en faisant le vide et reste invariable à une
température fixe. On casse alors l'extrémité du tube

capillaire : la pression atmosphérique, pénétrant brusquement, fait baisser le niveau.

Perkins arrive aux mêmes conclusions. Pour soumettre le liquide à de fortes pressions, cet observateur le plongeait dans la mer à des profondeurs considérables : un petit indice révélait l'effet obtenu.

Œrsted fit faire un pas capital à la question. C'est le premier qui *mesura* la compressibilité des liquides. Ses calculs sont entachés d'erreur, parce qu'il ne tenait pas compte de la dilatation de l'instrument (piézomètre), dont il se servait pour comprimer les liquides.

Les expériences de Colladon et Sturm, et surtout celles de M. Regnault, dont l'appareil permet de mesurer avec une rigueur mathématique la compressibilité du contenant et du contenu, ne laissent plus aucun doute à cet égard.

Les liquides sont donc compressibles, de plus ils sont élastiques.

« Les liquides sont élastiques, dit M. Jamin (1) : quand on les enferme dans un vase résistant et qu'on cherche à enfoncer un piston dans leur intérieur, au moyen d'un effort exercé par un poids, on rapproche les molécules et on développe entre elles des forces répulsives. Aussitôt que la pression cesse d'agir, ces forces ramènent les molécules à leurs distances premières et le liquide à son état initial. Nous avons donc ici deux phénomènes : 1° diminution du volume total, provenant du rapprochement des éléments, c'est la *compressibilité ;* 2° une tension, qui en est la conséquence, fait équilibre à l'effort exercé

____

(1) *Cours de physique de l'École polytechnique,* t. I, p. 156.

et se développe dans toute sa masse : c'est ce qu'on nomme pression du liquide, *élasticité.* »

Quoique beaucoup plus faible que dans les gaz, cette propriété est encore plus développée dans les liquides que dans les solides; personne ne met en doute cependant l'élasticité de ces corps et la possibilité de les faire vibrer.

Dans les corps solides on étudie trois sortes d'élasticité et, par suite, trois sortes de vibrations : vibrations longitudinales, vibrations transversales, vibrations tournantes.

On peut produire les premières sur une verge fixée à l'une de ses extrémités, il suffit, pour cela, de la frotter légèrement dans le sens de sa longueur avec les doigts imprégnés de colophane, ou avec une étoffe mouillée, si on se sert d'une tige en verre.

On obtient alors des sons très-purs, et on peut démontrer les vibrations longitudinales de la verge en la plaçant à une petite distance d'un timbre ou d'une cloche, qu'elle ne touche pas à l'état de repos, mais qu'elle vient frapper périodiquement à chaque oscillation. Dans un cas cité par Savart, la verge frappait encore le timbre à une distance de $0^{mm},6$. Ce physicien a calculé qu'il aurait fallu un poids de 1,700 kilogrammes pour déterminer cet allongement.

Les vibrations transversales se produisent dans une corde fixée à ses deux extrémités, en l'écartant avec les doigts et l'abandonnant brusquement, on la voit entrer en vibration. On peut aussi déterminer des vibrations tournantes dans une verge fixée à une de ses extrémités en la frottant entre les mains.

Ces deux dernières espèces de vibrations ne se rencontrent pas dans les fluides. On comprend sans peine que le peu de cohésion des molécules de ces corps ne leur permette pas de vibrer transversalement ou d'exécuter des mouvements de torsion.

Les liquides comme les gaz ne vibrent donc que dans le sens longitudinal; mais l'analogie se poursuit plus loin encore, c'est-à-dire qu'ils vibrent dans les mêmes conditions et obéissent aux mêmes lois acoustiques.

Depuis longtemps déjà F. Savart a démontré que les liquides pouvaient entrer en vibration et produire un son en s'échappant d'un réservoir, soit par un orifice percé en mince paroi, soit par un ajutage court. Que l'orifice soit circulaire, triangulaire ou quadrangulaire, il se forme, dans tous les cas, ce qu'il a appelé une veine liquide.

En second lieu, lorsqu'on fait traverser par un courant d'eau certains instruments, un sifflet par exemple, on obtient un son exactement comme si l'instrument avait été traversé par un fluide gazeux. On peut démontrer les vibrations du fluide. Si l'instrument vibrait sous l'influence du choc de l'air ou de l'eau, comme un timbre ou une cloche sous le coup d'un marteau, on en modifierait les vibrations, ou au moins l'amplitude en étreignant l'instrument entre les mains. Or cette action si sensible sur les vibrations du timbre ou de la cloche, n'exerce aucune influence sur la nature du son que rendent les instruments à embouchure de flûte lorsqu'un courant de fluide vient à les traverser.

Il est donc bien évident que les fluides vibrent de la même manière et dans les mêmes conditions. Je vais étudier plus en détail ces deux dispositions.

A. Cas d'un écoulement par un orifice étroit; de la veine fluide.

B. Cas d'un écoulement par un tube reproduisant la disposition des tubes à embouchure de flûte.

A. *De la veine fluide.*

Lorsqu'un liquide s'écoule d'un réservoir par un orifice vertical ou horizontal, l'écoulement a lieu sous forme de jet, auquel Savart a donné le nom de veine liquide.

« Toute veine liquide, dit-il, est essentiellement composée de deux parties, une première, calme, transparente, ressemble à une tige de cristal ; une deuxième agitée, dénuée de transparence, quoiqu'elle soit de forme assez régulière pour qu'on puisse facilement voir qu'elle est divisée en un certain nombre de renflements allongés, dont le diamètre maximum est toujours plus grand que celui de l'orifice. » Je reproduis ici la figure de Savart

Figure 1.

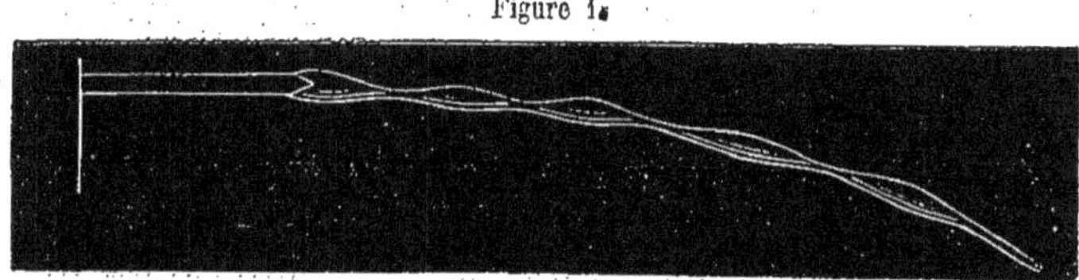

Il suffit de considérer cette disposition de ventres et de nœuds pour voir que le liquide vibre. Savart va plus loin, il en donne la démonstration.

Dans une chambre silencieuse, il entoure un réservoir de draps mouillés pour le soustraire autant que possible à toute espèce de bruit. Il fait alors jaillir une veine et note la longueur de la partie limpide. Ensuite il fait vibrer une corde de violon ou un diapason : il constate aussitôt que la partie limpide diminue sensiblement de longeur, les ventres se renflent et se rident (fig. 2), enfin, si on fait vibrer le violon tout à fait à l'unisson de la veine, la première partie cylindrique devient presque nulle (surtout si on met [l'instrument vibrant en contact avec le réservoir), mais toute la veine devient alors transparente et les ventres offrent une régularité remarquable. (Voy. fig. 1.)

Figure 2.

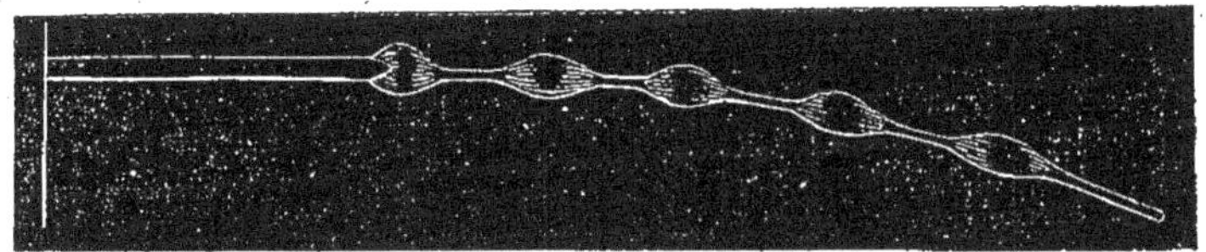

On peut encore démontrer la vibration de la veine par d'autres moyens; ainsi en se plaçant dans une chambre obscure, on éclaire au moyen de l'étincelle électrique une veine liquide descendante.

La lumière ne dure qu'un instant, la veine apparaît immobile et présente cet aspect particulier représenté fig. 3. Cette figure est empruntée à l'ouvrage de M. Jamin.

Figure 3

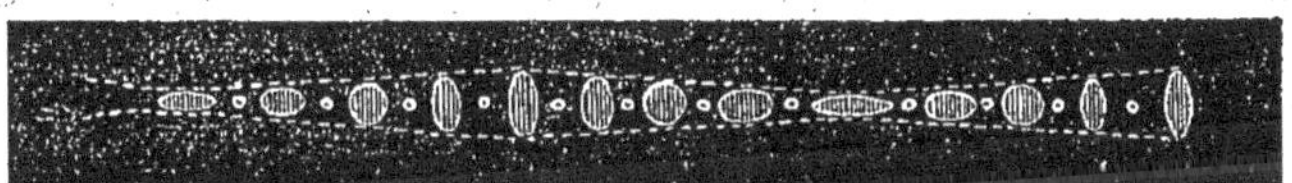

Savart reçoit ces veines liquides sur des sphères, sur des plans résistants, sur des membranes; dans ces cas, il voit que le liquide au lieu de se réfléchir, comme le ferait un corps solide, s'étale en suivant la surface du corps et s'écoule ensuite sous forme de nappe (c'est dans des cas de ce genre, que l'on obtient des sons musicaux.)

Toutes ces dispositions, obtenues par Savart avec des veines liquides, M. Sondhauss (1) les reproduit avec de l'air. Voici l'appareil ingénieux dont il se sert.

Veines gazeuses. M. Sondhauss prend un flacon à trois

(1) *Poggendorff's annalen,* année 1852, p. 58.

tubulures, celle du milieu est traversée par un tube dont l'extrémité supérieure est adaptée à une soufflerie, et dont l'extrémité inférieure porte une petite grille en laiton dans laquelle brûlent quelques feuilles de tabac ; les deux tubulures extrêmes sont armées, l'une d'un tube de sortie, l'autre d'un petit manomètre ; on fait passer un courant d'air par le tube du milieu. On obtient alors dans le flacon un jet de gaz qui pendant 3 cent. conserve sensiblement la forme de l'orifice ; à une plus grande distance, il se trouble, s'élargit, et paraît le siége d'une agitation continuelle. Le diamètre du cylindre gazeux était comme dans les cas des veines liquides, observées par Savart, un peu moindre que celui de l'orifice. M. Sondhauss se sert également d'orifices triangulaires, quadrangulaires. Dans ces cas comme dans ceux d'orifices circulaires, la veine gazeuse conserve sensiblement la forme de l'orifice pendant un temps très-court (0,03) puis elle se trouble, s'élargit et revient à la forme cylindrique.

M. Sondhauss pousse l'analogie plus loin. De même que Savart pour les veines liquides, M. Sondhauss reçoit des veines gazeuses sur des sphères et des plans et il les voit s'étaler de la même manière et se transformer en nappes.

Il est difficile d'obtenir une analogie plus frappante. Et on peut dire : Toutes les fois qu'un fluide (gaz ou liquide) s'échappe avec une certaine force par un orifice rétréci, il se forme une veine fluide vibrante et on perçoit un son.

C'est ce qui se produit dans un soufflet par exemple, lorsqu'on rapproche les valves, on entend un bruit auquel Laënnec a comparé les bruits pathologiques du cœur.

Qu'est-ce qui produit ce bruit dans le soufflet? Il est facile de prouver que ce ne sont pas les parois qui vibrent puisqu'en les serrant entre les doigts on ne modifie pas les qualités du bruit; de même, si on change la substance de l'orifice, on n'altère en rien le timbre, et le bruit reste le même; si maintenant on adapte à l'extrémité du soufflet un tube de même calibre, un petit tube de papier, par exemple, on entendra alors le maximum d'intensité du bruit à l'extrémité du tube, et s'il est assez long, on pourra constater que l'écoulement de l'air du soufflet dans le tube est parfaitement silencieux, pourvu toutefois qu'il n'y ait pas de changements de calibre. Mais si cette condition intervient, si on rétrécit le tube en un point, en le coudant par exemple, on percevra aussitôt le bruit avec un maximum d'intensité en ce point. Ce ne sont pas les parois qui vibrent puisqu'elles sont immobiles, c'est donc bien l'air au passage d'une partie rétrécie; il se forme là une veine fluide, dont les vibrations produisent un bruit. Comme nous avons vu qu'on pouvait conclure des gaz aux liquides et réciproquement, on peut dire qu'il se forme une veine fluide vibrante au point où le fluide traverse un orifice rétréci, que cet orifice soit percé en mince paroi, qu'il soit à l'extrémité d'un ajutage court, d'un ajutage long, ou enfin en un point du trajet d'un tube sous forme d'étranglement, jouant le même rôle que l'orifice percé en mince paroi.

Tous ces cas sont analogues et donnent lieu au même phénomène.

C'est en appliquant ces lois à la pathologie, que MM. Chauveau et Bondet ont pu donner l'explication rigoureusement scientifique de certains phénomènes d'auscultation, du souffle tubaire de la pneumonie, par exemple. Selon ces auteurs, il se forme constamment au passage de l'air par la glotte, c'est-à-dire par un orifice rétréci, une veine fluide qui va retentir dans la trachée et les bronches, veine fluide que l'on entend quelquefois avec une grande intensité, lorsque le poumon hépatisé est devenu meilleur conducteur du son. MM. Chauveau et Bondet appuient leur théorie par l'expérience. Si le souffle est réellement dû aux vibrations d'une veine fluide se formant à la glotte, on devra le voir disparaître, en faisant pénétrer l'air directement dans la trachée, c'est en effet ce qui arrive : sur un cheval atteint de pneumonie et présentant un souffle tubaire intense, MM. Chauveau et Bondet pratiquent une section de la trachée au-dessous de la glotte, l'air, pénétrant alors le poumon sans passer par un orifice rétréci, n'entre plus en vibration et le souffle disparaît.

C'est encore par des veines liquides, se produisant au passage d'une partie rétrécie dans une partie réellement ou relativement dilatée du système circulatoire, que M. Chauveau explique les bruits de souffle cardiaques et vasculaires. Cette loi est vraie pour le souffle qui se produit à la suite d'un rétrécissement ; dans ces cas, comme dans les cas précédents, il se forme une veine fluide.

Mais, pourquoi se forme-t-il une veine fluide ? Évidemment ce n'est là qu'un phénomène secondaire, qu'une conséquence, et il nous reste à chercher l'ébranlement primitif.

Qu'il me soit permis de faire une comparaison pour mieux rendre ma pensée. Lorsqu'on lance une pierre au milieu d'une eau tranquille, dans un bassin, par exemple, on voit se former autour du point où la pierre est tombée, une série de cercles concentriques qui vont en s'élargissant ; il y a là deux choses, un phénomène primitif, c'est la percussion du liquide par la pierre, un phénomène consécutif, ce sont ces cercles concentriques qui apparaissent à la surface. Eh bien, de même que les cercles concentriques, la veine fluide est le résultat d'un ébranlement primitif.

F. Savart, dans son remarquable mémoire, et A. Masson (1) ont recherché cet ébranlement primitif. Ils admettent que l'écoulement des liquides par un orifice rétréci est périodique, intermittent. Mais à quoi est due cette intermittence, source des vibrations de la veine ?

F. Savart se pose ainsi la question : « L'état périodique de la veine réside ou dans les circonstances mêmes du passage du liquide à travers l'orifice ou dans les vibrations du réservoir qui le contient, vibrations qui

(1) En comparant les expériences de Savart et les miennes, on est frappé de l'analogie que les liquides et les gaz présentent dans leur écoulement.....

Mes expériences sur l'écoulement de l'air à travers des orifices circulaires confirment ce fait certain, avancé par Savart, que l'écoulement des gaz est périodique, comme celui des liquides, et susceptible de faire résonner le milieu environnant.....

En traversant des orifices circulaires percés dans des plaques métalliques, l'air produit des sons qui montent d'une manière continue avec la pression (p. 340).

L'écoulement des gaz à travers des orifices percés dans les plaques métalliques n'est pas continu ; il est périodiquement variable, et l'orifice est le siége d'un mouvement vibratoire qui produit un son en agissant sur l'air extérieur (orifices sonores)..... Le nombre des vibrations qu'exécute l'air à l'orifice sont en raison directe de la racine carrée de la pression et de la vitesse de l'écoulement. (Masson, *Annales de physique et de chimie*, t. XI, p. 335 ; 1854).

pourraient être excitées par le frottement de la veine contre le bord de l'orifice ou par l'action des ondes sonores d'une période quelconque que propagent continuellement l'air et les corps solides, surtout dans une grande ville. »

Après de nombreuses expériences, Savart conclut ainsi (2) : « L'état oscillatoire de la veine ne peut donc être attribué ni à l'action des ondes sonores sur le réservoir, ni à des vibrations du bord de l'orifice, ni à l'adhérence des molécules liquides au pourtour de l'orifice ; et comme il existe déjà à la naissance de la veine, il semble qu'il faille nécessairement en conclure que cet état dépend des particularités mêmes des mouvements du liquide dans le réservoir, et que la vitesse de l'écoulement est périodiquement variable, au lieu d'être uniforme, comme on l'avait toujours pensé. »

A la page 375, Savart ajoute :

« Il est à présumer que la pesanteur est la seule cause de ce phénomène, et qu'il doit être produit par de très-petites oscillations de la masse entière du fluide, dont la partie centrale s'abaisse et s'élève périodiquement, tandis que la partie la plus extérieure est animée d'un mouvement en sens contraire. Dans cette supposition, toutes les tranches horizontales du fluide seraient le siége d'un mouvement analogue à celui d'un disque libre par son contour et qui exécute des vibrations normales, en se divisant en deux parties vibrantes, séparées par une ligne nodale circulaire.

« On conçoit, en effet, qu'à l'instant où l'orifice est

---

(1) F. Savart, *Annales de physique et de chimie*, 2ᵉ série, t. LIII, p. 368; 1833.

(2) *Idem*, p. 375.

ouvert, la colonne de liquide qui est immédiatement placée au-dessus de lui, étant la première à s'écouler, le niveau de la partie centrale du liquide doit tendre à s'abaisser un peu, et qu'au contraire la partie la plus extérieure de la masse du fluide se trouvant refoulée, son niveau doit s'élever d'une petite quantité, et que, par conséquent, toute la masse doit devenir le siége d'oscillations analogues à celles qui ont lieu sous la seule influence de la pesanteur dans un syphon dont les branches sont redressées.

« Dans cette hypothèse, toutes les particularités de l'état de la veine s'expliquent facilement. En effet, les portions de veine lancées à chaque mouvement d'abaissement de la partie centrale du fluide seraient comprimées, tandis que celles qui seraient lancées à chaque mouvement d'élévation se trouveraient au contraire dilatées, de sorte que la veine serait divisée en un certain nombre de parties qui subiraient pendant leur chute des dilatations ou des contractions périodiques. »

L'explication de Savart a été contestée, elle est effectivement difficile à appliquer dans certains cas. Lorsqu'on produit un bruit en modifiant brusquement le calibre d'un long tube, par exemple.

Ne pourrait-on pas expliquer l'écoulement intermittent des liquides, de la même manière que l'on explique, en mécanique, le phénomène connu sous le nom de *section contractée* ?

Lorsqu'on examine une veine liquide, (voir fig. 4) on constate que le volume de la veine va en diminuant jusqu'à une distance très-courte de l'orifice. Dans ce premier trajet, la veine a la forme d'un cône tronqué, dont la base serait à l'orifice et le sommet en A B. A partir de ce point, la veine reprend sensiblement la forme cylindrique. C'est à cette partie rétrécie A B que l'on a donné le nom de *section contractée.*

Voilà la théorie que l'on admet en physique pour expliquer cette contraction de la veine.

Figure 4.   Figure 5.

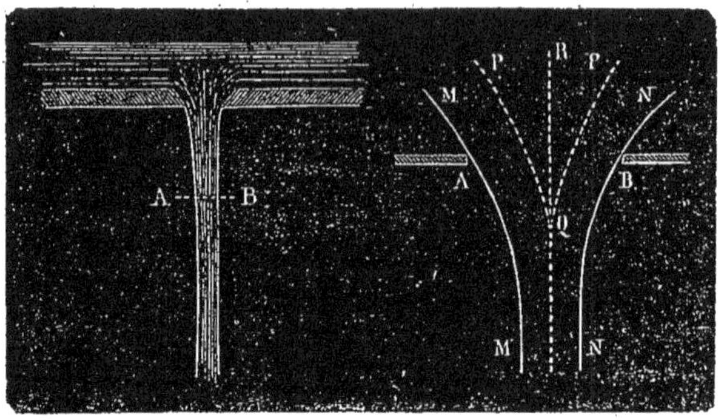

« Toutes les molécules placées au-dessus de l'orifice A B, (fig. 5) doivent se presser à la fois pour s'échapper, mais dans des directions différentes; contre les bords, suivant M M, N N; au centre, suivant R Q, et, aux parties intermédiaires, dans les directions P Q. La veine serait alors constituée par une enveloppe conique composée de filets convergents qui se réuniraient au point Q et empêcheraient de sortir le liquide intérieur P Q P. » (1)

Pourquoi les molécules P Q, N N, MM, s'échappent-t-elles en empêchant les molécules P Q P de sortir ? C'est qu'évidemment elles ont une pression supérieure ; mais, en s'écoulant, leur pression doit baisser, tandis qu'au contraire, celle des molécules P Q P doit augmenter, par suite de l'obstacle qu'elles éprouvent à sortir. Qu'arrive-t-il alors ?

Les molécules centrales ayant une pression supérieure aux molécules latérales, les refouleront à leur tour et s'échapperont jusqu'à ce que leur pression

(1) Jamin, *Cours de physique de l'Ecole polytechnique*, p. 326.

soit devenue moins forte que celle des molécules latérales, qui, à leur tour, arrêteront la colonne centrale,
pour être de nouveau comprimées, et ainsi de suite. Il
en résulterait une sorte d'antagonisme entre les tranches
latérales M M, NN et les tranches centrales P Q P, et c'est
précisément cet antagonisme qui produirait l'intermittence dans l'écoulement et, par suite, l'ébranlement primitif. Cette action aura lieu toutes les fois que le liquide
rencontrera un obstacle à son écoulement, comme un
étranglement sur le trajet d'un long tube. On comprend
que le phénomène se passera absolument de la même
manière que dans le cas d'écoulement, par un orifice
percé en mince paroi. Le liquide se pressera avec d'autant plus de force et l'intermittence sera d'autant plus
marquée que la différence de tension, avant et après le
rétrécissement, sera elle-même plus accusée, c'est-à-
dire que le liquide sera plus fortement sollicité à sortir.
On comprend facilement le rôle de l'étranglement et de
l'orifice en mince paroi; mais il semble que cette explication ne soit plus applicable au cas où un liquide s'é-
coule par un orifice à l'extrémité d'un long ajutage. Je
vais essayer de prouver que le phénomène se passe de
la même manière.

L'étranglement sur le trajet d'un tube et l'orifice pratiqué en mince paroi jouent, par rapport à certaines molécules liquides, le rôle d'un obstacle. Ainsi, lorsque le
liquide se présente à l'orifice de sortie, les molécules
centrales n'éprouvent aucune résistance, tandis que les
molécules périphériques viennent buter contre le pourtour de l'orifice ou de l'étranglement. Elles y sont
comprimées, et ne peuvent sortir qu'en réagissant
contre les molécules qu'elles refoulent à leur tour,
jusqu'à ce qu'elles aient une pression supérieure à

elle des molécules latérales qu'elles compriment de nouveau, et ainsi de suite, à intervalles très-courts. Cet antagonisme est la conséquence de l'inégale résistance qu'éprouvent, pour franchir l'orifice, les différentes molécules de la veine.

Cette inégale résistance se retrouve encore à l'extrémité d'un long tube. Si faible qu'elle soit, l'influence qu'exercent les parois sur les couches périphériques, constitue une résistance, et si nous considérons, par la pensée, la tranche fluide qui se présente à l'orifice, nous pourrons supposer que les molécules centrales n'éprouvant aucune résistance sortent les premières, mais en s'échappant, d'une part elles compriment les molécules périphériques et d'autre part leur tension baisse, tandis que celle des couches comprimées augmente. Il se produit alors le même phénomène que dans les cas d'étranglement, c'est-à-dire un antagonisme entre les molécules de la tranche fluide, qui, tour à tour comprimant et comprimées, se bouchent alternativement le passage et rendent l'écoulement intermittent.

On comprend facilement que cet antagonisme et, par suite, cet écoulement intermittent, sera d'autant plus marqué que la disproportion entre la grandeur de l'orifice de sortie et le nombre des molécules qui s'y présentent sera elle-même plus considérable.

Dans le cas d'écoulement par un orifice percé en mince paroi, toutes les molécules avoisinantes sont sollicitées à sortir; dans le cas d'étranglement, il se présente au point rétréci une tranche fluide de même diamètre que le tube; il y a donc, dans ces deux cas, disproportion entre la grandeur de l'orifice et le nombre des molécules. Mais à l'extrémité d'un long ajutage, il n'en est pas de même, la tranche fluide qui s'échappe a le même volume que le calibre du tube : aussi l'antagonisme, et par suite l'intermittence, sont beaucoup moins marqués, et une vitesse suffisante pour produire un son manifeste en un point étranglé, serait tout à fait insuffisante pour produire le même phénomène à l'extrémité d'un long ajutage. Mais si l'on vient à en augmenter la charge, et par suite le nombre de molécules qui se présentent à l'orifice, cet antagonisme s'accusera davantage, et avec lui l'écoulement intermittent et le son.

Ces phénomènes sont étroitement liés entre eux et se reproduisent chaque fois qu'un fluide entre en vibration. Dans ce premier exemple, ils sont un peu difficiles à saisir ; mais, dans le second cas qui nous reste à étudier, nous les retrouverons plus nettement accusés.

B. *Ecoulement des fluides par les tubes reproduisant la disposition des tubes à embouchure de flûte.* — Toutes les fois qu'un fluide traverse les tubes désignés, en physique, sous le nom de *tubes à embouchure de flûte*, l'écoulement devient sonore ; nous savons déjà que c'est le fluide qui vibre, et non l'instrument ; on peut en donner la démonstration directe, en introduisant dans l'intérieur, suspendue par un fil, une petite plaque métallique recouverte de sable fin : le groupement particulier du sable prouve les vibrations de l'air.

Si ce que nous avons dit des vibrations des fluides est vrai, nous devons retrouver ici, comme dans le cas d'écoulement par un orifice rétréci, les deux phénomènes que nous avons considérés comme indispensables à la production du son, c'est-à-dire un ébranlement primitif, un écoulement intermittent et des vibrations consécutives analogues aux vibrations de la veine fluide. Or c'est précisément ce qui a lieu.

Prenons, par exemple, le sifflet. Cet instrument se compose essentiellement de deux parties, une lumière et un biseau. La colonne d'air qui pénètre par la lumière vient se briser sur le biseau et se divise en deux parties : une qui s'échappe, l'autre qui est comprimée sur l'arête même du biseau et qui réagit en vertu de son élasticité. Mais cette petite masse d'air, en réagissant, vient se placer au-devant de la lumière et l'obture; le courant se trouve ainsi interrompu pendant un temps très court; il pénètre de nouveau l'instrument, comprime une nouvelle masse d'air qui réagit à son tour, et le même phénomène recommence. En un mot, le courant est intermittent. Quelle en est la conséquence? Comme dans les cas d'écoulement par un orifice rétréci, ce sont des vibrations dans la masse fluide environnante. Nous avons vu, en effet, que la colonne d'air contenue dans l'instrument vibrait, puis que le sable affectait les dispositions symétriques sur la petite plaque métallique. Ce sont ces vibrations secondaires analogues aux vibrations de la veine fluide qui nous transmettent le son.

Je n'insiste pas sur ce mécanisme qui se trouve dans tous les traités de physique, j'ai voulu seulement en rappeler les principaux traits, parce que nous en trouverons l'application en pathologie; en effet, de même que l'écoulement du sang par un rétrécissement est un écoulement intermittent qui produit une veine fluide, de même aussi l'ondée en retour des insuffisances est un écoulement intermittent qui détermine des vibrations par un mécanisme analogue à celui des tubes à embouchure de flûte.

II.—Reproduction artificielle des bruits de souffle.

CHAPITRE II.

QUELLES SONT LES CONDITIONS QUI PEUVENT DONNER NAISSANCE
A UN BRUIT DE SOUFFLE?

De même qu'à l'état normal le sang coule silencieusement dans les vaisseaux, de même dans un système de tubes uniformément calibrés la circulation est aphone. Pour troubler cet état et faire naître un bruit, il faut qu'une cause intervienne en modifiant l'état du liquide, de la circulation ou des parois.

Je vais chercher à reproduire et à étudier ces modifications.

§ Ier. *Modifications dans l'état du liquide*.

Les modifications dans l'état du liquide ne peuvent porter que sur sa quantité ou sa qualité.

A. *Quantité*. — Les variations dans la quantité du liquide (pourvu qu'elles n'entraînent pas un changement de calibre) sont incapables à elles seules de produire un bruit.

(1) Laënnec, *Traité de l'auscultation médiate*, édit. M. de Andral, t. III, p. 81; 1837.

M. Chauveau a fait plusieurs expériences qui le démontrent.

« 1re expérience. On injecte 10 litres d'eau tiède dans la jugulaire d'un cheval, la masse du liquide se trouve ainsi considérablement augmentée, cependant l'oreille appliquée avant et après sur le vaisseau ne révèle aucune modification.

2e expérience. Au lieu d'augmenter la masse du sang on pratique une saignée de 10 k°, même silence de l'auscultation ; des saignées, répétées pendant plusieurs jours, rendent un cheval presque exangue, on ne perçoit toujours pas de bruit de souffle. »

Nous verrons cependant que chez les animaux que l'on fait périr par hémorrhagie, chez les personnes qui ont eu des pertes de sang abondantes et enfin chez bon nombre d'anémiques, on peut percevoir un bruit souffle systolique siégeant à la base, coïncidant avec une lésion anatomique appréciable. Nous verrons également que chez les anémiques où existe une diminution réelle de la masse totale du sang, on peut percevoir un bruit de souffle dans certains lieux d'élection. Ex. Golfe de la veine jugulaire (Bondet). Sinus veineux (Nonnat). Mais une condition nouvelle intervient alors, c'est un changement de calibre. Dans un tube extensible, tube mince de caoutchouc, nous alternons la pression de telle sorte que tantôt les parois sont tendues, tantôt elles subissent une pression beaucoup moins considérable et reviennent sur elles-mêmes, le silence de la circulation n'est pas troublé, pourvu toutefois que la partie souple du tube ne se trouve pas en contact avec une partie rigide, ce qui rentrerait alors dans les modifications de calibre que nous étudierons plus loin.

On peut donc admettre avec M. Chauveau que les variations, dans la quantité du liquide, ne peuvent à elles seules déterminer un bruit.

B. *Composition du liquide.* — Quelle que soit la nature du liquide qui circule dans un tube, que ce liquide soit visqueux ou très-fluide, dense ou léger, l'auscultation ne révélera aucun bruit, nous avons expérimenté avec des liquides de viscosité différente, comme de l'huile et de l'alcool ou de densité variable, soit une solution concentrée de chlorure de sodium, de 1,888 et d'alcool n'ayant que 0,829; dans tous ces cas l'auscultation est négative.

§ II. *Modifications dans l'état de la circulation.*

A. *Vitesse du liquide.* — La vitesse, à elle seule, ne peut produire un bruit de souffle, presque tous les auteurs (1) sont unanimes sur ce point; Weber seul prétend avoir obtenu des bruits de souffle dans des tubes d'un calibre uniforme en employant une vitesse considérable, il ne nous a pas été possible de reproduire ce phénomène, soit avec un siphon de plusieurs mètres de hauteur, soit avec un ballon en caoutchouc sur lequel nous avons placé des pressions considérables (20 kilogrammes.)

B. *Tension.* — La tension, lorsqu'elle est uniformément augmentée ou diminuée, comme par exemple

(1) M. Monneret place dans la vitesse la cause essentielle du bruit de souffle ; mais cet observateur se sert de tubes dont le calibre est modifié. S'il s'était servi de tubes uniformément calibrés, il n'aurait rien obtenu, quelle que soit la vitesse employée.

dans des tubes plus ou moins longs, ne détermine aucune modification appréciable.

§ III. *Modifications dans l'état des parois.*

Puisque nous ne trouvons ni dans la quantité, ni dans les qualités du liquide, ni dans des modifications uniformes de la circulation la cause du bruit de souffle, recherchons maintenant cette cause dans des modifications inhérentes aux parois des tubes; elles peuvent être de deux sortes, et porter, soit sur la composition des parois, soit sur leur calibre. La composition des parois ne peut rien produire à elle seule, il en est de même de l'état lisse ou rugueux de leur intérieur. M. Chauveau a démontré que l'état rugueux des parois était sans influence.

« Je mets à nu (1), dit-il, la carotide d'un cheval dans une étendue de 10 à 15 centimètres; puis, avec un fil volumineux serré avec vigueur autour du vaisseau, je coupe les tuniques interne et moyenne sur quatre ou cinq points assez rapprochés; les tuniques, déchirées par cette astriction, forment des rugosités très-sensibles à la face interne de l'artère, rugosités dont on peut encore augmenter le nombre et la saillie en serrant celle-ci entre les mors d'une pince, et en écrasant ainsi irrégulièrement les membranes friables du vaisseau. Cependant si j'ausculte ce vaisseau, soit au niveau de la partie mise à nu, soit au-dessus, soit au-dessous, je constate que la circulation s'y fait encore d'une manière tout à fait aphône; on ne perçoit aucune trace de bruit de souffle. »

(1) Chauveau, mémoire sur les murmures vasculaires, p. 7.

En outre, M. Chauveau se sert de tubes en verre dont il dépolit la paroi interne en la badigeonnant soit avec du collodion soit avec de vernis à l'alcool, qui lui servent à fixer de petites aspérités produites par l'insufflation d'un peu de poudre de grès. La circulation dans ces tubes est toujours silencieuse.

Modifications dans le calibre des tubes. — Si les changements de substances et l'état lisse ou rugueux des parois sont incapables de produire un bruit, il n'en est plus de même des changemeuts de calibre. Il suffit, en effet de pincer, même très-légèrement, entre les doigts un tube de caoutchouc dans lequel circule de l'eau avec une vitesse analogue à celle du sang à l'état normal, pour percevoir très-distinctement un bruit de souffle et un frémissement sous le doigt.

Si on fait passer, fig. 6, un courant d'eau dans les tubes A B, A' B', A'' B'', on percevra dans les trois cas un bruit de souffle aux points E, E', E''.

Figures 6, 7, 8.

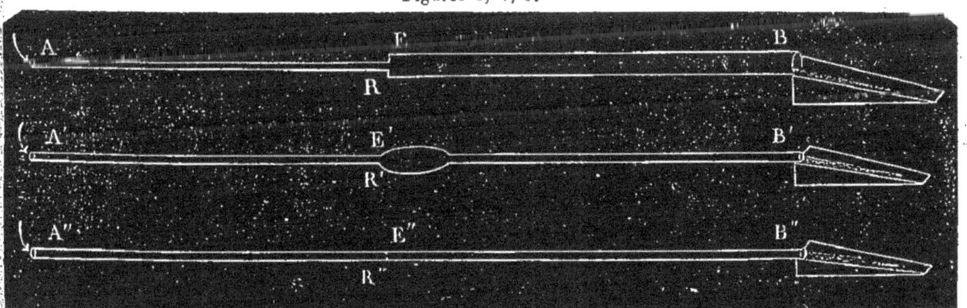

Dans les deux premiers cas A B, A'B', il y a une dilatation réelle, c'est-à-dire que le liquide s'écoulant en AB ou en A'B' passe d'une partie rétrécie RR' dans une partie réellement plus large EE'. Enfin, dans le troisième cas, le liquide qui s'écoule en A'' B'' passe bien après

avoir franchi R" dans une partie relativement plus grande
E"; il existe donc dans tous ces cas une disposition analogue : rétrécissement suivi de dilatation. C'est ce qui a
permis à M. Chauveau de poser cette loi : « Tout bruit de
souffle résulte des vibrations d'une veine fluide intra-
vasculaire qui se forme constamment lorsque le sang
pénètre avec une certaine force d'une partie étroite dans
une partie réellement ou relativement dilatée du système circulatoire. »

Dans tous ces cas, ainsi que l'a très-bien fait remarquer M. Chauveau, le souffle se propage dans le sens du
courant.

On peut obtenir un bruit de souffle, non plus au passage d'une partie étroite dans une partie dilatée, mais
bien avec une disposition précisement inverse, c'est-à-
dire au passage d'une partie large dans une partie
étroite. Ainsi, par exemple, dans le tube AB représenté
figure 9.

Figure 9.

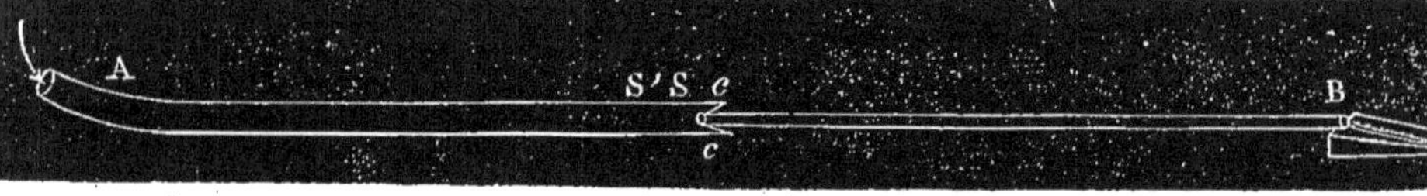

On obtient en C C un bruit de souffle très-manifeste
se propageant en S S', c'est-à-dire en sens inverse du
courant.

Nous avons ici une disposition tout à fait différente
des dispositions précédentes, puisque le liquide passe
d'une partie large dans une partie étroite.

Mais il n'y a pas seulement le passage d'une partie
large dans une partie étroite. Ainsi dans le tube A' B'

fig. 10, nous avons bien encore le passage d'une partie

Figure 10.

large dans une partie étroite, mais cette fois l'écoulement est silencieux.

Dans le premier tube A B fig. 9, il y avait une condition de plus, la disposition en cul-de-sac C C ; pour prouver que c'est bien cette disposition qui fait naître le bruit de souffle on peut faire l'expérience suivante :

Soit fig. 11, un tube de caoutchouc A, dans lequel on introduit à frottement un anneau métallique assez mince pour ne pas modifier le calibre, puis on adapte ce tube à un petit tube rigide B. Avec la disposition

Figure 11.

représentée fig. 11, l'écoulement est silencieux, mais si on fait pénétrer le tube B dans l'intérieur du tube A, de manière à reproduire des culs-de-sac C C, ainsi que le représente la fig. 9, alors le souffle reparaît.

On peut de nouveau le faire disparaître en retirant le tube B et en le ramenant dans la position représentée fig. 11.

L'anneau M sert à faciliter ces manœuvres ; en maintenant fixe et béant le calibre du tube flexible de caoutchouc A, il permet l'introduction ou la sortie du tube B, c'est-à-dire la reproduction ou la disparition du cul-de-sac CC, et aussi la production ou la disparition du bruit de souffle.

Une disposition en culs-de-sac peut donc de la même manière qu'un rétrécissement suivi de dilatation réelle ou relative produire un bruit de souffle, mais il y a une condition essentielle à remplir, il faut que l'ouverture des culs-de-sac soit dirigée contre le courant; si par exemple nous introduisons dans un tube de caoutchouc un petit cône en fer blanc, et que nous adaptions le

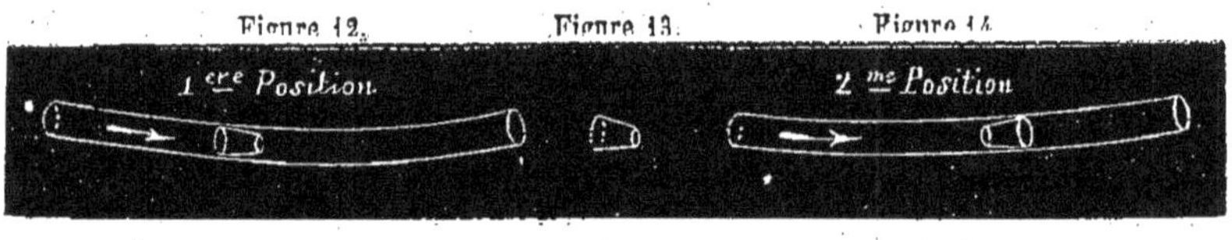

tube à un système de syphon, dans la première position, le petit cône n'agira que comme orifice rétréci, et on entendra un bruit de souffle au point S seulement, tandis que dans la 2ᵉ position, l'ouverture du cul-de-sac étant dirigée contre le courant, le petit cône produira deux bruits de souffle avec un 1° maximum d'intensité en S, (souffle du cul-de-sac) et un second en S' produit par l'orifice rétréci.

Il n'est ici question que de changements brusques dans le calibre des tubes, autrement la circulation a lieu comme dans les tubes uniformément calibrés, c'est-à-dire qu'elle est silencieuse.

Nous pouvons donc conclure que les changements brusques dans le calibre des tubes sont la seule cause capable de produire un bruit de souffle.

Ces changements de calibre peuvent se ranger sous deux types :

1° Rétrécissements suivis de dilatation réelle ou relative, ainsi que l'a signalé M. Chauveau.

2° Disposition en cul de-sac, comme le prouvent les expériences, fig. 9, 14, 19, etc.

CHAPITRE III.

LES CHANGEMENTS BRUSQUES DANS LE CALIBRE DES TUBES MODIFIENT PROFONDÉMENT L'ÉTAT DE LA CIRCULATION; L'ÉCOULEMENT DEVIENT PÉRIODIQUE.

Nous sommes arrivé dans le chapitre précédent à cette conclusion : une modification dans le calibre des tubes est la seule cause capable de produire un bruit ; il faut nous demander maintenant comment agit cette disposition. Est-ce que plongeant dans le liquide sous forme de rétrécissement, et soumises à un frottement plus considérable, les parois sont la source du bruit et vibrent sous l'influence du liquide, comme des cordes de violon sous l'archet? Ou bien agissent-elles en modifiant l'état de la circulation ?

Si la première hypothèse était vraie, c'est-à-dire si le bruit était dû à la vibration des parois du rétrécissement, nous devrions obtenir des timbres différents en changeant de substance, eh bien ! que l'on emploie des rétrécissements en cuivre, en verre, en porcelaine, en gutta-percha ou en caoutchouc, le timbre est toujours le même; dans tous ces cas on obtient un bruit de souffle ordinaire; en outre, le plus ou moins d'épaisseur des parois du rétrécissement devrait exercer une influence; on constate, au contraire, qu'il n'en est rien.

Savart s'est occupé de cette question, voici le résumé de ses expériences : « Les vibrations pourraient être excitées dans le bord de l'orifice par le frottement du liquide, et peut-être aussi par une adhérence qui se produirait entre le pourtour de l'orifice et le liquide. Or, si c'est là, en effet, la cause de ces phénomènes, la nature de la substance qui forme l'orifice, un amincissement extrême de son bord libre, le poli plus ou moins parfait du plan métallique dans lequel il est pratiqué, et surtout la nature du liquide, sa température devront changer le nombre absolu des vibrations; mais aucune de ces causes ne paraît exercer d'influence sensible sur l'état de mouvement de la veine; il en est de même lorsque le plan de l'orifice étant en laiton on le frotte avec un corps gras, de manière à changer complétement l'état de sa surface.

« Enfin, si on touche le pourtour de l'orifice avec un corps solide et résistant, ce qui devrait arrêter les vibrations s'il en existait, ou au moins en modifier l'amplitude on n'aperçoit non plus aucun changement dans la forme ou l'état de la veine (1).

Recherchons maintenant si nous trouvons dans l'état de la circulation une modification capable de nous révéler la source du bruit.

La nature du liquide n'ayant pas changé il ne reste plus que le mode de circulation à étudier.

Le problème peut donc se poser ainsi. Lorsqu'on modifie brusquement le calibre d'un tube, quels sont les troubles apportés dans la circulation ?

La tension et la vitesse changent-elles ? et dans quelles proportions ?

L'hydraulique enseigne que dans un tube bien calibré servant d'écoulement à un réservoir, soit par exemple le tube A O, la tension mesurée au moyen de manomè-

____

(1) Savart, *Annales de physique et de chimie*, 2ᵉ série, t. LIII p. 372.

tres placés sur le trajet du tube peut-être représentée par la ligne A B. le liquide s'élevant dans les manomètres aux points d'intersection de cette ligne et mesurant par conséquent les hauteurs *aa' bb' cc' dd'* jusqu'à l'orifice d'écoulement où la tension est nulle.

Figure 15

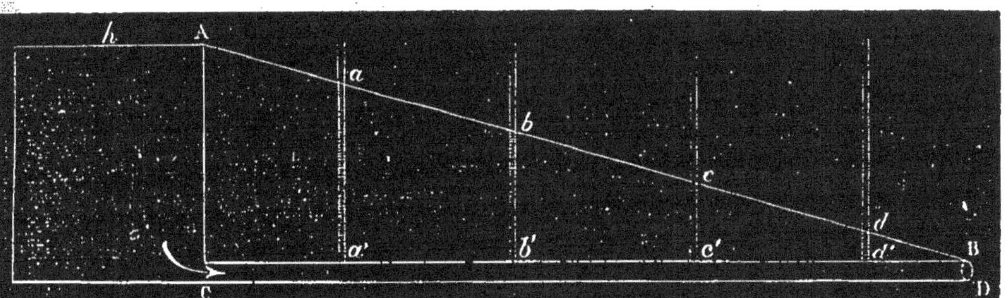

Nous pouvons donc vérifier l'état de la tension au moyen de manomètres placés sur le trajet d'un tube muni de rétrécissement suivi de dilatation.

Ainsi remplaçons le tube A B par un tube A' O' de

Figure 16.

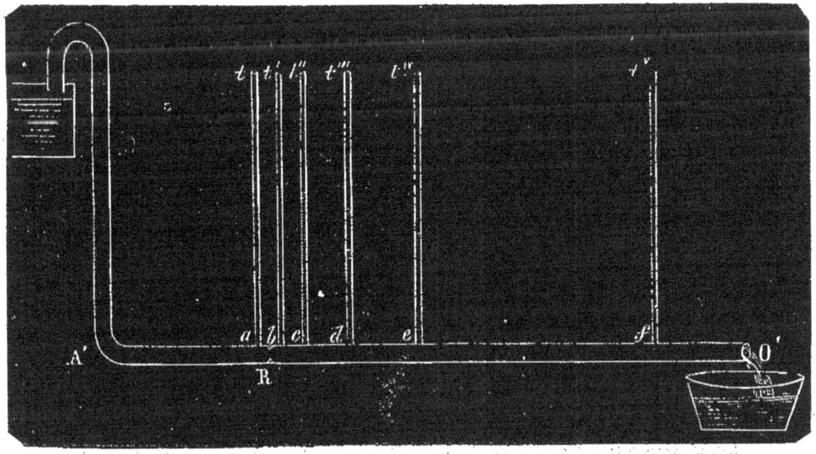

même longueur (2 m. 75), la cuve restant à la même hauteur (1 m. 35), le diamètre n'a pas changé il est de 0,011, mais au point R se trouve un rétrécissement de 0,001 d'épaisseur réduisant en ce point le calibre du tube à 0,007. La vitesse est de 2 m. 50 par seconde, et, la circulation établie, nous plaçons les manomètres t, t', t'', t''', t^{iv} t^v, qui nous indiquent l'état de la tension dans les points a, b, c, d, e, f, du tube A' O'.

Le tableau suivant donne la valeur de t, t', t'', t''', t_{iv}, t^v; et les distances a, b, c, d, e, f.

T en amont de R mesure une colonne de 70 cent.

T'   à 1 cent. de R   —   de 0 (il y a aspiration de l'air).

T'' à 4 cent. de R   —   de 0^m.28 (oscillant un peu).

T''' à 21 cent. de R   —   de 25 cent.

T^iv à 45 cent. de R   —   de 19 cent.

T^v à 1 m. 80 de R   —   de 08 cent.

On peut donc représenter la tension par les lignes suivantes :

La ligne ponctuée indique la tension telle qu'elle

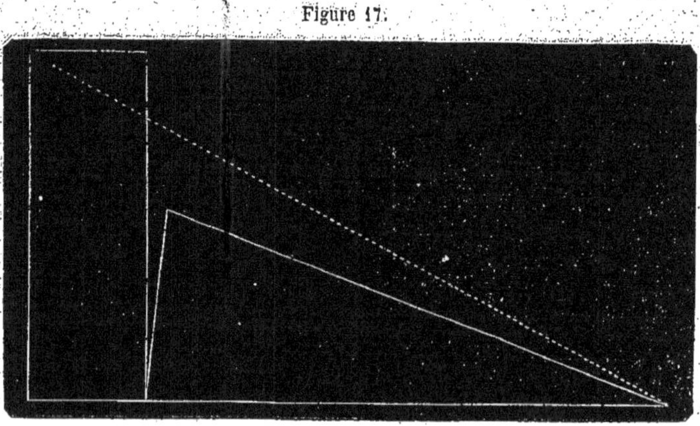

Figure 17.

serait dans un tube uniformément calibré, la ligne noire

indique ce qu'elle est devenue dans un tube muni en R d'un rétrécissement.

Ainsi que le prouve ce tracé, la tension a subi une modification considérable. Augmentée, en avant du rétrécissement, elle tombe brusquement au point de devenir nulle immédiatement après, puis elle croît très-rapidement jusqu'à 0,04 c. environ du rétrécissement où elle acquiert son maximum; à partir de ce point elle suit la même marche que dans les tubes uniformément calibrés, c'est-à-dire qu'elle décroît régulièrement jusqu'à l'orifice.

Voilà, dans un tube muni d'un étranglement, le tracé de la tension; voyons maintenant ce qu'elle devient dans les tubes qui présentent une disposition en cul-de-sac.

Nous avons vu que, dans ce cas, contrairement à la loi posée par M. Chauveau, nous obtenions un bruit de souffle au passage d'une partie large dans une partie

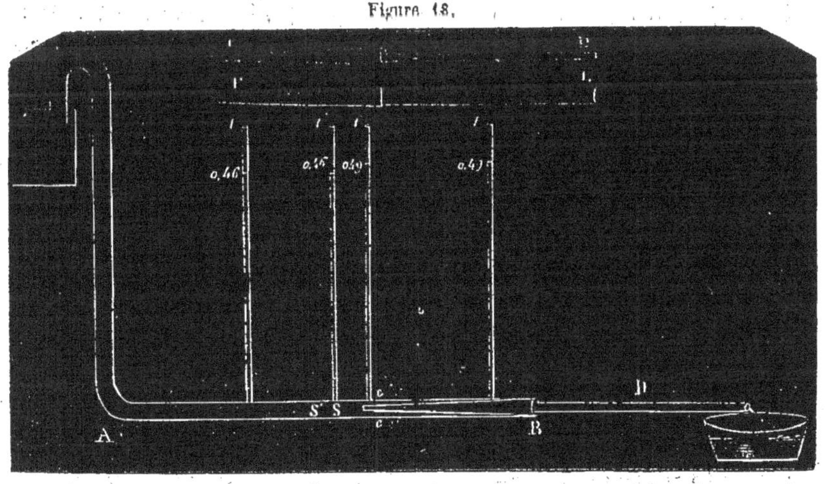

Figure 18.

étroite, nous avons dit, en outre, que, contrairement à

la même loi, le *souffle remontait le courant,* soit par exemple :

Le tube A B où s'entend en *c c* un bruit de souffle se propageant en S S'.

Le tube C D, d'un calibre uniforme de 0,006 de diamètre, présente une disposition en cône qui lui permet de s'adapter au tube A B qu'il pénètre dans une longueur de 0,045 ; le tube A B ayant un calibre uniforme de 0,013 de diamètre, il en résulte un cul-de-sac dont l'écartement mesure 0,006 et la profondeur 0,045. L'appareil ainsi disposé, fig. 18, nous plaçons un premier manomètre à 0,04 en avant des culs-de-sac, un second manomètre t' à l'entrée même, et deux autres t'', t''', au-dessus, nous constatons alors que t et t' ne mesurent qu'une hauteur de 0,46°, tandis que dans t'' t''' le liquide oscille entre $0^m,49$ et $0^m,50$.

Si maintenant nous remplaçons le tube C D par un autre tube C E dont le calibre, au lieu d'être partout le même comme celui du tube C D, va au contraire en s'élargissant, nous constatons, à l'auscultation, un souffle plus fort, et, dans les manomètres t'' t''' placés sur les culs-de-sac, une colonne plus haute oscillant entre 0,50 et 0,51 ; la différence de tension est donc plus accusée lorsqu'on se sert de l'ajutage large C E ; la même chose avait lieu dans le cas d'étranglement, la différence de tension était d'autant plus accusée que l'écoulement était plus facile, c'est-à-dire que la vitesse était plus grande.

Les changements brusques dans le calibre des tubes n'agissent pas seulement sur la tension, ils modifient aussi la vitesse.

On peut, au moyen de quelques expériences, se con-

vaincre que la vitesse devient très-grande au moment
où le liquide franchit le rétrécissement; mais elle décroît très-rapidement à une petite distance. C'est ce qu'on
observe si on se sert d'un tube transparent et d'un liquide contenant de petits corps en suspension. On
peut encore se rendre compte du phénomène en enlevant le manomètre t', fig. 16; on constate que le liquide
circule avec une grande vitesse, dans certains cas il y
a même aspiration de l'air.

Les changements brusques dans le calibre des tubes
agissent donc en modifiant profondément l'état de la
circulation. Quelle en est la conséquence?

1° Tube muni d'un rétrécissement. Nous avons vu que
dans un tube muni d'un rétrécissement la tension aug-
mentait avant le rétrécissement, et diminuait considérablement après; en même temps la vitesse devient très-
grande au point rétréci. Il est bien évident alors qu'en
franchissant l'étranglement, il y aura des phénomènes
de compression entre les molécules liquides, et comme
les parties comprimées réagissent en vertu de leur
élasticité, il en résultera de petits mouvements dans
toute la masse, et l'écoulement sera intermittent. Que
l'on admette, pour expliquer le phénomène, qu'il y a
antagonisme entre les tranches latérales et la partie centrale du liquide s'échappant alternativement et se refoulant tour à tour, ou que l'on adopte toute autre
explication, on est forcé de considérer l'écoulement
du liquide dans ces conditions, non pas comme un
écoulement uniforme, régulier, mais bien comme un
écoulement intermittent, à cause des phénomènes
de compression et de réaction qui se produisent
dans les molécules violemment sollicitées à sortir.

2° Tube avec une disposition en cul-de-sac. Dans ce second cas, les phénomènes de compression sont encore plus faciles à saisir. Nous avons vu que dans un tube

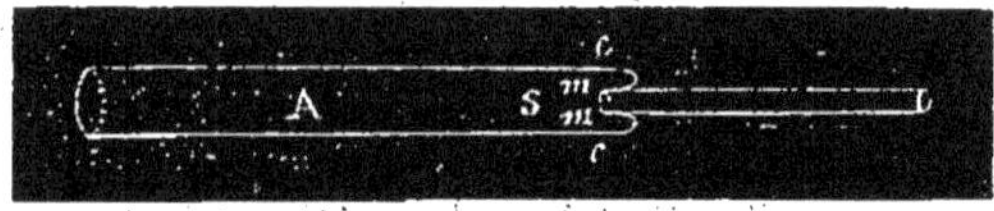

Figure 19.

AB (fig. 19) où nous obtenons un bruit de souffle en CC se propageant en SS', les tubes manométriques nous indiquaient un changement brusque de tension entre les points C et S.

La colonne liquide arrivant en A, refoule dans les culs-de-sac *c c* des molécules qui ne peuvent sortir qu'à condition de réagir par une pression plus forte, aussi le tube manométrique indique-t-il en C une pression supérieure de 2 à 3 centimètres à celle que l'on observe en S; mais, si la masse liquide contenue en C y est comprimée, comme cela est évident, à plus forte raison les molécules placées en *m m*.

Comprimées ainsi contre le pourtour de l'orifice par la colonne liquide qui s'y précipite, elle réagiront en vertu de leur élasticité; il en résultera une série de petits mouvements alternatifs, et toute la masse liquide sera ébranlée. Nous avons donc ici, comme dans le premier cas, des phénomènes alternatifs de compression et de réaction, en un mot, un ébranlement primitif qui fait entrer en vibration la masse liquide directement placée au-dessus. Mais pourquoi, dans l'autre cas, le souffle se propage-t-il dans le sens du courant, tandis que dans la disposition en cul-de-sac il va précisément en sens inverse?

« La propagation des ondes, dit M. Poisson dans un mémoire à l'Académie des sciences, se fait dans tous les sens autour de l'ébranlement primitif, ou, autrement dit, les ondes sont toujours sphériques. Mais il faut néanmoins observer que si l'ébranlement primitif a eu lieu dans un seul sens, s'il a consisté, par exemple, dans les vibrations d'une petite portion de fluide, le mouvement ne se propagera sensiblement que dans le sens de ces vibrations. »

Ainsi, le son se propage dans le sens de l'ébranlement primitif.

Dans le cas d'écoulement par un rétrécissement, l'ébranlement primitif a lieu dans le passage, à la sortie même de l'étranglement. Dans la disposition en cul-de-sac, au contraire, les phénomènes de compression se passent en *mm* sur le pourtour de l'orifice; par conséquent avant que le liquide ait pénétré le petit tube.

Dans le premier cas, les molécules comprimées ne peuvent sortir, elles n'arrivent à franchir l'étranglement qu'en réagissant, par conséquent la réaction se fait dans le sens même du courant. Dans le second cas, comme on peut le voir (fig. 19), la masse liquide est comprimée directement en *m m* par le courant lui-même; la réaction aura donc lieu en sens inverse.

(1) Poisson, *Annales de physique et de chimie*, t. XXII; 1823.

CHAPITRE IV.

DES CAUSES QUI EXERCENT UNE INFLUENCE SUR L'INTENSITÉ DU BRUIT DE SOUFFLE.

Il nous a fallu arriver à un changement brusque dans le calibre de nos tubes pour obtenir un bruit de souffle. Nous avons vu que toutes les autres modifications étaient incapables à elles seules de produire un bruit. Nous allons en reprendre l'étude maintenant et rechercher l'influence qu'elles exercent sur son intensité.

Nous suivrons la même marche en étudiant successivement les variations : 1° dans l'état du liquide, 2° de la circulation, 3° des parois.

§ Ier. — *Modification dans l'état du liquide.*

A. *Variation dans la quantité du liquide.* — Ici, la question est complexe. Si on ne voulait parler que du volume de la veine fluide, elle serait facile à résoudre : en effet, le souffle est proportionnel au volume de la veine. On comprend sans peine qu'une veine grêle produira à peine un son, tandis qu'une veine plus forte donnera un souffle manifeste. On peut, sur le même vaisseau, produire ce phénomène. « En rétrécissant plus ou moins une artère au moyen d'un fil serré autour d'elle, dit M. Chauveau (1), on verra alors, si le rétrécissement est exagéré, que le bruit de souffle produit

(1) Chauveau, mémoire sur les murmures vasculaires, 1858.

est beaucoup moins ample, moins intense qu'avec un rétrécissement moyen. On peut aussi opérer sur un anévrysme artériel fusiforme de large dimension, en serrant à son insertion le tube d'entrée du sang, de manière à ne laisser pénétrer dans la poche qu'une minime quantité de liquide, on diminue l'intensité du bruit de souffle. »

En augmentant le liquide dans un système clos, comme le système circulatoire, on augmente la tension et, par suite, on diminue les chances de production de la veine fluide vibrante, mais surtout on en diminue l'intensité et l'étendue. Ce sera l'inverse si, au lieu d'être augmentée, la quantité de liquide devient plus petite. Dans ces cas, la tension baisse, le bruit de souffle peut se produire plus facilement, et les vibrations de la veine fluide n'ayant plus à lutter contre une forte résistance, s'étendent plus loin et sont plus intenses.

Une troisième conséquence résulte de l'augmentation ou de la diminution de la masse du liquide contenu dans un système fermé, ce sont les changements de vitesse. Lorsque le système est gorgé, que la proportion du liquide est considérable, la tension est augmentée comme nous l'avons dit; eh bien! cette augmentation dans la tension agit comme une résistance plus forte à vaincre, il en résulte une vitesse moins grande; de même, si on vient à produire une déplétion du système, la tension baissera et le courant trouvant une résistance moindre, la vitesse augmentera.

L'augmentation ou diminution de la quantité de liquide n'est donc pas un phénomène simple; plusieurs éléments concourent au même résultat; je vais tâcher d'étudier la part de chacun d'eux.

On considérait autrefois l'anémie comme une maladie constituée seulement par une diminution de la masse totale du sang. Mais les recherches hématologiques, et surtout les beaux travaux de MM. Andral et Gavarret, Becquerel et Rodier, ont depuis longtemps démontré qu'il existait chez les anémiques une altération profonde dans la composition du liquide sanguin.

Aujourd'hui, beaucoup d'auteurs, avec M. G. Sée, considèrent le mot *anémie* comme un terme générique et admettent plusieurs types d'altérations chimiques du sang.

1° *Oligaimie*. — Cet état se rencontre lorsque la masse du sang vient à être brusquement diminuée par une hémorrhagie physiologique ou morbide; on le produit artificiellement par la saignée. « Mais cet état ne saurait être, que transitoire, ainsi que le dit M. G. Sée, et comme la pression intra-vasculaire diminue, l'équilibre entre le sang et les liquides nourriciers est rompu, et il en résulte une résorption de ces liquides; par conséquent le sang augmente de quantité tout en devenant plus aqueux que dans l'état normal. »

2° *Hydrémie*. — On s'explique facilement ces phénomènes de réparation du sang; à la suite d'une hémorrhagie, il se fait une perte d'éléments bien différents, les uns simples, pouvant se reproduire rapidement, les autres complexes, exigeant beaucoup plus de temps. Si en effet le sang retrouve dans les parties environnantes et récupère avec une grande rapidité les principes aqueux, il n'en est plus de même des éléments solides qui diminuent, tandis que le sérum augmente; le sang subit

(1) G. Sée, *Du Sang et des anémies*, p. 38.

donc une sorte de dilution ; c'est ce qu'on peut constater par l'analyse à la suite de saignées successives.

Magendie, Prévost et Dumas, Wedemeyer, Gunther, etc., ont depuis longtemps démontré la rapidité d'absorption des liquides dans les cas d'hémorrhagies répétées ou de réplétion incomplète du système circulatoire, comme dans l'inanition. Cette réparation aqueuse du sang est admise par tous les auteurs ; mais pour les uns, le sang conserve dans l'anémie son volume primitif avec un excès d'eau, constituant l'hydrémie de M. Bouillaud, ou la pléthore séreuse de M. Beau ; d'autres, au contraire, et c'est le plus grand nombre, admettent qu'il y a tout à la fois altération de quantité et altération de qualité.

Qu'il existe moins de sang chez les anémiques, on en pourrait voir la preuve dans la pâleur des téguments, le peu de saillie des veines superficielles, etc. M. Chauveau est allé plus loin, il en a donné la démonstration expérimentale en mesurant comparativement les artères d'un certain nombre d'animaux anémiques, et non pas d'animaux chez lesquels l'appauvrissement du sang était dû à des saignées répétées ; mais bien à l'influence de mauvaises conditions hygiéniques ; voilà le résultat de ses recherches.

« Sur tous ces animaux anémiques, j'ai trouvé les artères beaucoup plus petites que sur des chevaux de même taille en belle santé. Je ne me suis pas borné à une appréciation par à peu près ; des mesures exactes ont été prises ; et, en calculant le calibre des vaisseaux d'après leur diamètre, je suis arrivé à cette

____

(1) Chauveau, *loc. cit.*, p. 30.

conclusion, que mes animaux les moins anémiques avaient cependant dans les artères un tiers moins de sang que les autres. »

3° *Aglobulie.* — On a presque identifié ces deux mots aglobulie, anémie ; c'est qu'en effet, dans les altérations chimiques du sang, la diminution des globules rouges est la lésion qui apparaît la première, mais c'est aussi la plus persistante (Andral et Gavarret).

4° *Désalbuminémie.* — Lorsque les hémorrhagies se répètent comme dans le purpura hemorrhagica, le scorbut, etc., on voit, en même temps que la diminution de globules rouges, une dépréciation marquée d'autres principes, le sang perd de son albumine.

« Le sang appauvri en albumine, dit M. Sée, est toujours très-aqueux, si bien que quelques auteurs désignent cet état sous le nom d'*hydrémie vraie* pour le distinguer de l'*hydrémie simple*, qui a infiniment moins de gravité. En outre, il éprouve constamment une modification qui est en rapport direct avec la privation de protéine. Chaque portion d'albuminate qui vient à manquer dans le sang, dit Carl Smidt, est remplacée par une quotité proportionnelle de sels solubles ; huit parties de chlorure de sodium remplacent une partie d'albumine. « Ces matières salines exigent, d'une autre part, une quantité d'eau déterminée pour se dissoudre. Des expériences de Kierulf ont démontré l'exactitude de cette loi de diffusion ; en injectant dans les veines une certaine quantité d'eau, le sang acquiert immédiatement une proportion correspondante de matières salines.

(1) *Du Sang et des anémies*, p. 42.

« Ainsi la diminution de l'albumine coïncide toujours avec une augmentation équivalente des sels et de l'eau. »

Toutes ces altérations chimiques concourent au même but ; toutes agissent en rendant le sang plus fluide, et, par suite, plus apte à entrer en vibration.

Cette conséquence de l'altération chimique du sang a été depuis longtemps signalée par les auteurs : « Règle générale, dit M. Bouillaud, le bruit de diable existe chez les individus dont le sang est d'une densité de moins de 6 degrés à l'aréomètre de Baumé, il n'existe pas, au contraire, chez les sujets dont le sang est d'une densité qui dépasse 6 degrés. »

Pour MM. Andral et Gavarret, le souffle est inévitable dès que le chiffre des globules tombe à 80 ; au-dessus il se rencontre, mais il n'est pas constant.

On a recherché expérimentalement cette influence.

Tous les auteurs qui se sont occupés de cette question ont signalé la facilité avec laquelle on obtenait un bruit en employant un liquide peu visqueux (Corrigan, Piorry, Aran, etc.). Dans un mémoire publié en 1838 dans les *Archives de médecine*, de la Harpe (de Lausanne) rapporte des expériences faites dans le but de prouver que le souffle tient à la nature du liquide. Ainsi, cet expérimentateur fait passer un courant d'huile entrant par l'iliaque externe et sortant par la poplitée ; il ausculte avec soin tout le long du vaisseau intermédiaire, c'est-à-dire de la fémorale, et il ne constate aucun bruit. Remplaçant alors l'huile par un liquide moins visqueux, de l'eau, il obtient un souffle manifeste, mais qui devient très-fort, si on se sert d'alcool.

En 1847, à l'hôpital de Bon-Secours, M. Monneret fait des expériences analogues : on obtenait un bruit de souffle en injectant dans les veines de l'eau ou mieux encore un mélange d'eau et d'alcool, tandis qu'au contraire il était impossible d'obtenir le moindre bruit avec des liquides plus visqueux, tels que du lait, de l'huile, de la décoction de guimauve, etc.

Bon nombre d'auteurs ont fait des expériences analogues et sont arrivés aux mêmes résultats; mais, dans toutes ces expériences, on ne tient pas assez compté du mode d'injection du liquide. Là, en effet, se forme une veine fluide au passage de l'instrument (partie rétrécie), dans le vaisseau (partie dilatée). Nous reviendrons sur ce sujet en examinant les diverses théories des auteurs. Depuis les remarquables travaux de M. Chauveau, on s'est inquiété de la production de la veine fluide, mais on n'a vu dans le mode d'action de la viscosité qu'un ralentissement de la circulation.

Voici comment s'exprimait M. Potain, il y a quelques mois, à la Société médicale des hôpitaux :

« J'ai essayé de déterminer, par des expériences, l'influence que pouvait avoir la composition du liquide sur la production du bruit de souffle. Faisant circuler successivement de l'eau, du sérum, du sang pur, à travers un tube de caoutchouc, que j'auscultais par le moyen d'un autre tube également en caoutchouc, que j'adaptais sur le premier, j'ai constaté que les bruits très-forts que je produisais en pressant le tube lorsqu'il livrait passage à de l'eau, étaient moins forts ou disparaissaient lorsqu'on remplaçait l'eau par du sang. Ceci concordait bien avec les observations pathologiques, mais je voulus aller plus loin dans l'analyse, et je m'aperçus que le sang coulait moins vite que l'eau. Lorsque, par un procédé artificiel, en augmentant la pression, j'étais arrivé à faire couler le sang aussi vite que l'eau, l'intensité des bruits était la même. Tout se réduisait donc à une question de vitesse (1). »

J'ai fait des expériences analogues à celles de M. Potain; pour cela, je me suis servi d'un ballon en caoutchouc, d'une contenance de 4 litres, muni de deux tubulures, une supérieure, par laquelle on introduit le liquide à expérimenter, une inférieure, terminée par un tube de dégorgement muni en un point d'un rétrécissement fixe.

Une échelle métrique indique la hauteur et, par suite, la pression à laquelle se trouve soumis le ballon. Au moyen d'un système de poulie, on le fait arriver à la division voulue. Nous avons constaté, comme M. Potain, qu'en employant une pression plus forte, et, par suite, une vitesse plus grande, on arrivait à produire sensiblement le même souffle dans des liquides de densité ou de viscosité différentes, mais nous ne partageons pas son opinion lorsqu'il dit : « Tout se réduit donc à une question de vitesse. » Nous croyons, au contraire, la question beaucoup plus complexe.

C'est encore dans les remarquables travaux de Félix Savart que nous allons puiser des enseignements.

« L'élasticité propre du liquide, dit Savart, ainsi que la température, ont une grande influence sur les dimensions de la veine; la longueur de la partie continue du jet est d'autant plus considérable que la quantité dont les liquides le compriment sous une même

______

(1) Compte-rendu de la *Gazette des hôpitaux*, mardi 28 mai 1867, p. 252.

force est elle-même plus grande, comme le montre le tableau suivant (1). »

	Compressibilité sous une atmosphère évaluée en millionnièmes du volume primitif.	Longueur de la partie continue du jet.
Éther sulfurique.........	131,35	0,90 c.
Alcool.	94,95	0,85
Eau....................	47,85	0,70
Ammoniaque liquide......	33,05	0,46

On comprend facilement ce mode d'action d'après ce que nous avons dit de la veine liquide.

Cagniard-Latour s'est également beaucoup occupé de cette question. Voici une de ses expériences qui prouve combien la densité et la viscosité du liquide interviennent puissamment dans la production du bruit autrement qu'en modifiant la vitesse, puisque ces expériences sont faites, non pas avec un courant de liquide, mais simplement par le choc du liquide dans le petit appareil connu dans la physique sous le nom de *marteau hydraulique*.

Voici l'expérience de Cagniard-Latour telle que je la trouve dans son mémoire sur la vibration globulaire des liquides (2) : « Une dissolution de sucre dans l'alcool aqueux m'ayant paru donner le même son que l'eau, lorsque les deux liquides avaient des densités égales à la température de 10° centigrades, j'ai chauffé jusqu'à 60° les tubes contenant chacun de ces liquides pour voir ce qui en résulterait ; les colonnes hydrauliques se sont allongées en se dilatant, comme on le con-

(1) Savart, *loc. cit.*, p. 375.
(2) Cagniard-Latour, *Annales ph. ch.*, t. LVI, p. 284 ; 1844.

çoit aisément ; mais l'allongement de la liqueur alcoolique a été double au moins de celui de l'eau, en même temps le son de la première liqueur est devenu plus grave, tandis que celui de l'eau était sensiblement plus aigu qu'auparavant. » Ainsi donc la viscosité n'agit pas seulement en modifiant la vitesse, mais elle agit aussi sur la manière de vibrer du liquide.

Le mode d'action de la viscosité est donc multiple. Nous allons chercher à nous en rendre compte. Et d'abord qu'est-ce que la viscosité? On pourrait la définir un certain degré de cohésion entre les molécules d'un liquide, cohésion très-apparente dans certains liquides dits filants. Comment cette propriété va-t-elle s'opposer à la facilité de la circulation? Depuis les remarquables travaux de Poiseuille, on sait qu'il ne faut pas considérer la circulation du sang dans les vaisseaux (et des liquides en général dans les tubes) comme une colonne cheminant de front. Cet observateur a très-bien vu que les molécules centrales allaient très-vite, tandis que les plus extérieures étaient presque immobiles; les couches périphériques, retenues par leur adhérence contre les parois, forment en quelque sorte un cylindre dans l'intérieur duquel circulent plus librement les molécules centrales, et, à leur tour, ces molécules centrales chemineront elles-mêmes d'autant plus facilement que leur adhérence avec la couche périphérique sera moins intime. Voilà pour la vitesse; mais ce n'est pas là, je crois, le principal mode d'action de la viscosité. Reportons-nous aux notions de physique. L'origine première de tous les sons est un mouvement alternatif, intermittent, mouvement produit par l'élasticité du corps réagissant contre une force, la compression, par exemple; on comprend dès lors que, plus le corps sera compressible, élastique, plus facilement aussi ce mouvement se produira; c'est ce que Savart a démontré. Mais la conséquence de ce mouvement, c'est un ébranlement de la masse fluide environnante; ainsi, dans le sifflet, la petite masse de fluide comprimée sur le biseau de l'instrument et réagissant en vertu de son élasticité, voilà le phénomène primordial, l'ébranlement primitif, mais à son tour la masse fluide contenue dans le corps de l'instrument s'ébranle et entre en vibration, voilà le phénomène consécutif. Cette vibration de la masse fluide environnante est très-importante pour la perception du son, c'est en quelque sorte le trait d'union entre notre oreille et l'ébranlement primitif. Eh bien! cette masse fluide environnante ne sera-t-elle pas mise en mouvement d'autant plus facilement que les molécules présenteront entre elles moins de résistance, c'est-à-dire moins de cohésion? En un mot, la viscosité agirait comme la tension en massant, pour ainsi dire, les molécules les unes contre les autres, et s'opposant ainsi à leur ébranlement.

§ II.

Modifications dans l'état de la circulation : 1° influence de la vitesse ; 2° influence de la tension.

Après les modifications dans la quantité et la qualité du liquide, recherchons l'influence des variations dans l'état de la circulation : 1° rôle de la vitesse ; 2° rôle de la tension.

1° Influence de la vitesse sur l'intensité et les caractères du bruit de souffle.

L'intensité du son produit par les vibrations d'une masse liquide est directement proportionnelle à la vitesse. La vérité de cette proposition est facile à démontrer.

1re *Expérience*. — Nous nous appuyons sur ce principe d'hydraulique que dans un système de syphon, la vitesse est en raison directe de la différence de longueur

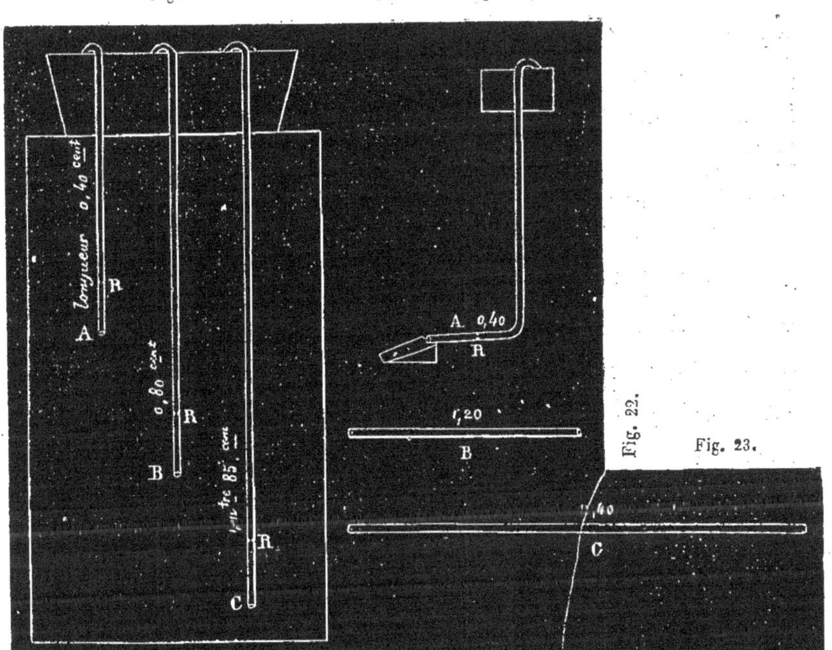

des deux branches. Soit fig. 20, à une hauteur de 2^m,25 une cuve à niveau constant nous donnant un écoulement par un syphon métallique d'un calibre rigoureusement uniforme ; à la branche inférieure nous adoptons le tube A de même diamètre (0,011), muni en R d'un rétrécissement de 0,001 d'épaisseur réduisant à 0,007 le diamètre du tube en ce point.

Le système fonctionne, R se trouvant à 0,40 : on ob-

tient un bruit de souffle perceptible, mais très-faible;
nous remplaçons le tube A par le tube B de telle sorte
que R se trouve porté à 0^m,80, la vitesse a cru proportionnellement, nous constatons que le souffle est plus
fort. Enfin, si nous remplaçons le tube B par un 3e tube
C portant le rétrécissement R à 1^m,85, on trouve que la
vitesse et le souffle ont cru proportionnellement.

2e *Expérience*. — Cette expérience s'appuie sur ce principe d'hydraulique que dans l'appareil représenté fig. 21,
22, 23, la vitesse est en raison inverse de la longueur du
tube horizontal. Soit donc un rétrécissement R placé sur
le trajet du tube A, n'ayant que 0,40 de longueur, le liquide est reçu sur un plan incliné P, afin qu'il s'écoule
silencieusement et ne vienne point gêner l'auscultation,
on constate alors en R un souffle intense, les choses
restant dans le même état, on adapte au 2e tube B
de 1^m,20, on a diminué la vitesse, le souffle perçu
en R est moins fort. Si on ajoute un 3e tube C de 2^m,50,
le souffle cesse d'être perçu; il reparaît si on enlève le
tube C et redevient très-fort si on enlève les deux tubes C. B. On peut ausculter en R, un aide enlève, ou
ajoute les tubes B. C., et l'oreille suit les variations d'intensité du souffle.

Figures 24, 25 et 26.

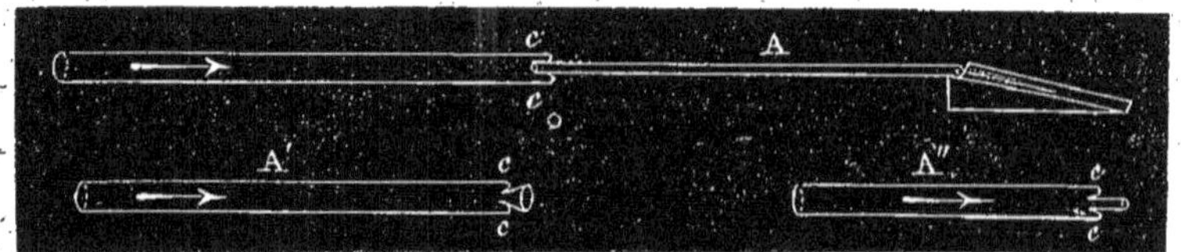

3e *Expérience*. — Dans cette expérience, nous avons en
C. C. une disposition qui engendre un bruit de souffle;
on en fait varier l'intensité de la même manière, faible,

si on se sert d'un long ajutage A, plus fort, au contraire si l'ajutage est court A' ou évasé A''.

La vitesse exerce donc une influence très-marquée sur l'intensité du bruit de souffle, et on peut dire que la vitesse et le bruit croissent et diminuent parallèlement.

2° *Tension.*

Dans l'expérience première la vitesse seule croissait ; mais, dans les deux expériences suivantes, un autre élément est intervenu. C'est la tension. — Sans doute en allongeant l'ajutage horizontal, on diminue la vitesse, mais on fait plus, on augmente la tension. Les auteurs qui ont recherché l'influence de la tension sur le bruit de souffle ont expérimenté en modifiant la vitesse, et la conclusion ne saurait être exclusive. Ainsi M. Marey se sert d'ajutages larges et d'ajuges étroits. Dans le premier cas, on a un écoulement facile, vitesse plus grande, tension plus faible, le bruit de souffle est très-fort ; dans le second cas, au contraire ajutage étroit, l'écoulement est plus lent, la vitesse diminue, la tension augmente, et le bruit de souffle est très-faible. Les conditions sont donc multiples, il y a antagonisme entre la vitesse et la tension, mais on ne sait laquelle de ces deux causes exerce la plus grande influence, en un mot, on ne sait pas quelle est la part de la tension.

Pour résoudre ce problème, il fallait expérimenter sur un tube où la vitesse restant la même, la tension seule changeât.

En vertu de ce principe d'hydraulique que, dans un

tube de dégorgement d'un réservoir, la tension va en diminuant progressivement jusqu'à l'orifice d'écoulement où elle est nulle, et qu'elle suit une ligne A B (voy. fig. 15), coupant aux points *a b c d* les tubes manométriques implantés sur le tube C D, nous pourrons la représenter par les colonnes *a a' b b' c c' d d'* qui nous indiquent ce qu'elle est aux points correspondants *a' b' c' d'*, par conséquent, la vitesse restant toujours la même, si nous plaçons alternativement un rétrécissement aux points *a'* et *d'*, nous aurons en *a'* formation d'une veine fluide dans une masse liquide à forte tension, tandis qu'en *d'* la résistance sera beaucoup moindre ; le rapport des deux colonnes *d d' a a'*, nous indique le rapport des tensions. Mais si, dans le premier cas, la résistance, c'est-à-dire la tension après le rétrécissement, est plus forte, un autre élément a cru dans le même sens, c'est la pression en avant. Au contraire, au point *d'* seule la pression en avant est augmentée ; la résistance n'existe pas, puisque la veine fluide se forme presque à la sortie du tube ; la tension après le rétrécissement est donc relativement moins forte en *d'* qu'en *a'*. Il en résulte une différence dans l'intensité du bruit du souffle qui est un peu plus fort en *d'* qu'en *a'*. La tension aurait donc une influence beaucoup moins sensible que la vitesse, et agirait d'une manière analogue à la viscosité.

« La vitesse et l'intensité du son dans l'eau dépendent du degré de condensation qu'il éprouve sous une pression donnée. » (Poisson, *Mém. à l'Ac. des sciences*, 1823, *Ann. de ph. et de chimie*, t. XXII.)

§ 3.

Modifications inhérentes aux parois. — Thrill. — Frémissement.

Lorsqu'on souffle dans un instrument à vent, l'air contenu dans le corps de l'instrument entre en vibration et produit un son. On démontre la vibration de l'air en introduisant dans l'intérieur une petite plaque suspendue par un fil et recouverte de sable fin ; le sable se groupe avec une forme déterminée. Eh bien, de même lorsqu'un liquide produit un son en circulant dans un tube, il vibre, et ces vibrations on peut les percevoir, comme l'a fait M. Chauveau, en introduisant un frottement, un doigt dans l'intérieur du tube. Mais si le souffle est intense et que le tube soit mince, élastique, alors il suffira d'en toucher légèrement la face externe pour sentir un frémissement particulier, thrill, frémissement cataire de Laënnec. Ainsi qu'on peut le constater, ce frémissement est toujours proportionnel à l'intensité du souffle, et les causes qui modifient le souffle modifient de la même manière le frémissement. Des parois rigides, épaisses, ne permettent aucune transmission, au contraire, des parois souples, minces, sont la condition la plus favorable. La souplesse paraît avoir une influence plus sensible encore que la minceur ; ainsi on perçoit moins facilement un bruit de souffle à travers un tube métallique mince, qu'à travers un tube de caoutchouc deux et même trois fois plus épais.

Le frémissement, de même que le souffle, apparaît

immédiatement après un rétrécissement, et alors il se
prolonge dans le sens du courant principal, comme l'a

Figures 27 et 28.

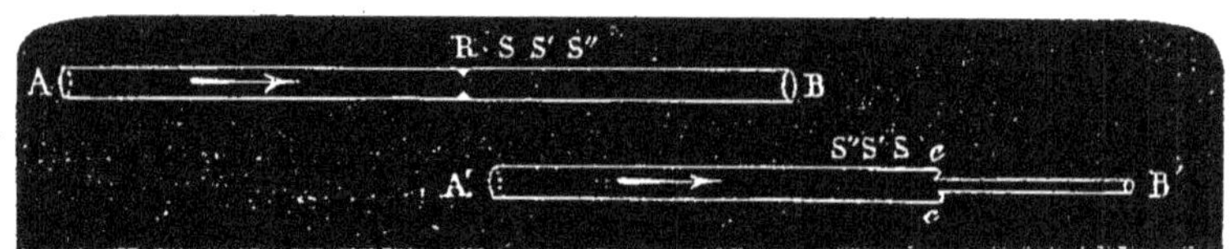

signalé M. Chauveau. Ainsi dans le tube A B un souffle
prend naissance en R et se prolonge en S S' S'', etc.,
selon l'intensité de la vitesse, la fluidité du liquide, etc. ;
en un mot, il se prolongera d'autant plus loin, et avec
d'autant plus de force, que les causes que nous avons
étudiées, comme facilitant la production du souffle, se
trouveront elles-mêmes réunies et plus accentuées ; le
frémissement suivra exactement la même marche et
obéira aux mêmes lois, c'est-à-dire qu'il se propagera
en S S' S'' ; dans ce cas, le souffle et le frémissement se
propagent dans le sens du courant.

Mais il existe des cas où c'est précisément l'inverse
qui a lieu. Soit par exemple le tube A' B', nous enten-
dons en C un bruit de souffle qui se propage en S S' S'' ;
sous l'influence des mêmes causes, augmentation de la
pression, fluidité plus grande du liquide, diminution de
la tension, etc., etc. Mais cette fois le frémissement se
produit en sens inverse du courant ; le bruit de souffle
suit exactement la même marche et s'entend en S S' S''.

Ces phénomènes sont très-accusés et faciles à constater, et nous serviront à expliquer le frémissement que
l'on entend dans certaines insuffisances aortiques.

CHAPITRE V.

DES CAUSES QUI MODIFIENT LE CARACTÈRE DU BRUIT DE SOUFFLE.

§ Ier.

Bruits musicaux.

Dans certaines circonstances le bruit de souffle revêt un caractère particulier; tantôt il est grave et modulé, tantôt il est aigu, piaulant, sibilant, etc. Ces modifications, dont je ne dirai qu'un mot, tiennent à des conditions encore mal connues. On peut cependant les ranger sous deux chefs principaux, et les diviser en : 1° bruits musicaux produits par la seule vibration du liquide; 2° bruits musicaux produits tout à la fois et par la vibration du liquide et par la vibration de corps placés sur le trajet de la veine.

Savart a étudié la première question, mais il déclare lui-même que les conditions où le liquide affecte en vibrant un caractère musical, sont difficiles à saisir.

En recevant une veine sur un plan résistant et peu sonore, un cube de bois, par exemple, Savart a vu la veine s'étaler, et ses radicules en rayonnant engendrer un son musical. Il est une disposition fréquente dans l'économie et qui se rapproche un peu de ce cas, c'est une disposition en S. Supposons (fig. 29) un tube mince de caoutchouc, muni en R d'un rétrécissement dans la première position AB, position rectiligne, on entend en S un bruit de souffle ordinaire; mais, si nous inclinons le tube de manière à lui donner la position A' B', on perçoit en S' un bruit de souffle plus fort et affectant un caractère particulier.

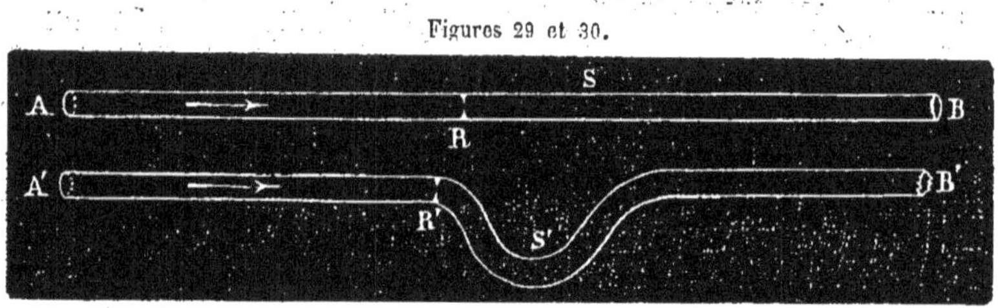
Figures 29 et 30.

Cette disposition en S est très-nette au golfe de la veine jugulaire à ce niveau, ainsi que l'a montré M. Bondet, il se produit souvent dans l'anémie une veine fluide, veine fluide renforcée par cette disposition en S, et cause de bourdonnements d'oreille intolérables. M. Potain admet que l'excès des principes aqueux du sang peut donner aux vibrations de ce liquide un caractère musical.

2° Bruits musicaux dus à la vibration de corps interposés.

Une veine fluide est lancée dans l'espace, si on en approche une membrane tendue sur un cadre, ainsi que l'a fait M. Chauveau, on perçoit aussitôt, outre le bruit inhérent à la veine, un son musical très-intense.

Nous avons obtenu des sons analogues avec la disposition suivante. Soit (fig. 31) le tube A, muni du rétré-

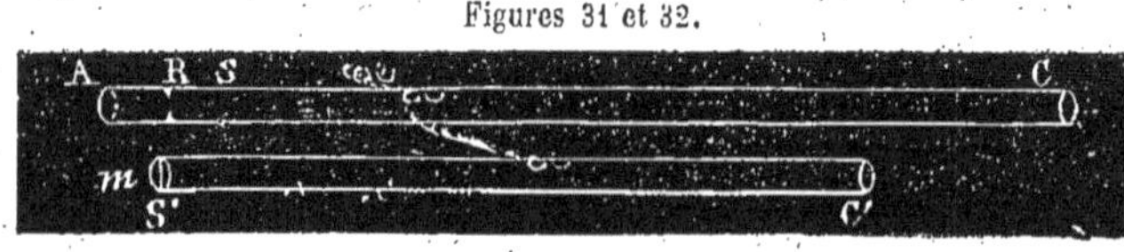
Figures 31 et 32.

cissement R, il se forme en S une veine fluide, et on observe un bruit de souffle ordinaire; mais, si nous remplaçons la portion de tube S C par le tube S' C', armé en M d'une petite membrane tendue, la veine fluide qui se forme en R viendra butter contre la petite membrane, qui, alors, vibrera en produisant un son quelquefois tellement intense qu'il couvrira le bruit de la veine elle-même. C'est dans ces cas que l'on pourrait comparer la veine fluide à un archet, et la membrane tendue à une corde de violon.

Si maintenant on adaptait le tube S' C' à un tube de même calibre sans rétrécissement, on n'obtiendra qu'un bruit de souffle ordinaire, si la membrane est trop épaisse ou pas assez tendue ; dans ces conditions elle n'agirait qu'en produisant un rétrécissement. Si au contraire la membrane est mince et tendue, elle agira non-seulement comme un rétrécissement, mais elle vibrera elle-même et produira un son musical, moins intense toutefois que dans le cas où elle se trouve après un rétrécissement.

On peut varier la disposition de ces petites membranes et imiter celle des valvules sigmoïdes, par exemple, comme dans le tube A B, fig. 33.

Figure 33

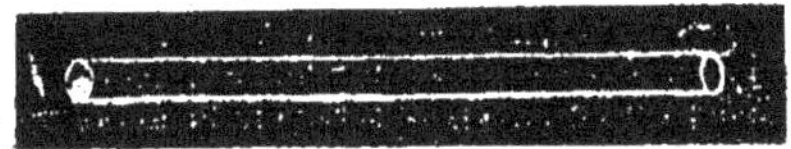

dans tous ces cas, on obtient des sons musicaux qui rappellent exactement ceux qu'on observe sur les malades.

Ces bruits de souffle à timbre musical se rencontrent dans certaines lésions organiques du cœur. L'autopsie dans ces cas permet quelquefois de constater sur les bords de l'orifice altéré des productions fibrineuses.

Le Dr R. Tripier, médecin des hôpitaux de Lyon, a signalé deux cas de ce genre.

Dans une thèse de 1865, le Dr Rondet (de Miribel)
rapporte l'autopsie d'un vieillard mort d'un rétrécissement et d'une insuffisance aortique.

« Il avait présenté, pendant toute la durée de son sé-
jour à l'hôpital (un mois, au moins), un double bruit de
souffle qui revêtait, au moment de la systole ventriculaire, un timbre musical très-prononcé.

« A l'autopsie, nous trouvâmes, adhérant à une des
valvules sigmoïdes altérées, une production pseudo-
membraneuse, de consistance fibreuse, paraissant déjà
ancienne, qui se prolongeait dans l'aorte et avait une
largeur de près de 3 centimètres. »

M. Chauveau a pu produire des bruits musicaux dans
les jugulaires des chevaux ; pour cela, il détermine un
rétrécissement, et, par suite, une veine fluide vibrante
sur un point du vaisseau, puis au moyen de petites épin-
gles recourbées, il saisit les valvules par leur bord libre, et selon qu'il les laisse flotter dans le courant ou
qu'il les applique contre la paroi du vaisseau, il constate
la présence ou la disparition du souffle musical.

§ V.

Des causes qui modifient le bruit de souffle dans sa
transmission.

Il peut se faire que le bruit de souffle restant normal
(la même chose a lieu pour les bruits du cœur), arrive cependant à l'oreille avec un caractère particulier, un timbre *métallique*. Ce changement dans le timbre du bruit,

tient à l'interposition de corps jouant un rôle analogue
à celui des caisses de renforcement.

Quelque temps avant sa mort, Laënnec, auscultant les
battements de son cœur, fut frappé de leur trouver un
caractère particulier, un timbre métallique. Cherchant
à se rendre compte du phénomène, il crut en trouver la
cause dans le voisinage de l'estomac, distendu par des
gaz ; il fut bientôt confirmé dans son opinion, une éruc-
tation abondante ayant eu lieu, le caractère métallique
disparût et les bruits du cœur reprirent leur timbre ha-
bituel.

Cette influence de la pneumatose stomacale sur le
caractère des bruits du cœur et du bruit de souffle a
été signalée par plusieurs auteurs. Elle est fréquente
chez les rhumatisants.

Dans d'autres circonstances, c'est une cavité (pathologique qui agit, en renforçant le bruit, ou en le dé-
naturant, une caverne pulmonaire, par exemple.

Un phthisique portait à la partie moyenne du poumon gauche une énorme caverne, en même temps il
présentait au cœur un bruit de souffle systolique qui
retentissait en arrière avec une violence extraordinaire
et un timbre métallique très-accusé. Ces faits sont loin
d'être rares chez les tuberculeux.

D'autres fois, c'est un accident entraînant à sa suite
un pneumothorax, comme le montre le fait suivant,
rapporté par Beau : « J'ai observé, en 1840, à l'hôpital
Saint-Antoine, un résultat de sonorité métallique qui mé-
rite d'être signalé. Il existait, chez un homme qui avait
eu le poumon droit et l'oreillette droite traversés par
un coup de couteau, et qui, par suite de cette double
plaie, était affecté d'un pneumothorax et de péricardite

avec des granulations très-marquées des deux lames du péricarde. M. Nélaton, aux soins duquel le malade était confié, fut frappé des phénomènes singuliers qu'il présentait, sous le rapport de l'auscultation, et il m'invita à l'examiner.

« On notait d'abord un bruit de frottement du péricarde avec frémissement cataire ; et ce bruit était si intense, qu'on l'entendait à 1 mètre de distance. Sur le côté droit du thorax, on percevait du souffle amphorique et de l'écho métallique ; mais, de plus, il y avait en ce point un son métallique qui se faisait entendre à chaque pulsation du cœur, et qui était le résultat de l'ébranlement produit dans l'épanchement gazeux à chaque frottement du péricarde »(1).

(1) *Traité de l'auscultation*, 1856, p. 192.

SECONDE PARTIE

PARTIE DE PHYSIOLOGIE PATHOLOGIQUE

Je me propose, dans cette seconde partie, d'examiner quelques-unes des principales théories qui ont été émises pour expliquer les causes et le mécanisme du bruit de souffle. — Je rechercherai ensuite l'application des lois physiques : 1° dans le bruit de souffle qui accompagne une lésion organique ; 2° lorsqu'il se produit en l'absence de toute altération anatomique appréciable.

CHAPITRE VI.

EXAMEN DES THÉORIES QUI ONT ÉTÉ PROPOSÉES POUR EXPLIQUER LES CAUSES ET LE MÉCANISME DU BRUIT DE SOUFFLE.

Opinion de Laënnec.

Après avoir décrit le bruit de souffle et ses variétés, les bruits de râpe, de scie, etc., Laënnec se pose la question des causes et du mécanisme de ce bruit.

« Il faut, dit-il (1), qu'il soit dû à un état vital parti-

(1) Laënnec, *Auscultation médiate*, édit. Andral, t. III, p. 81.

culier, à une sorte de spasme ou de tension de l'artère, ou bien il devrait son origine à un état particulier du sang ou à la manière dont ce liquide est mû. »

Ayant eu connaissance des expériences d'Erman et de Wollaston sur le bruit musculaire, Laënnec répéta ses expériences :

« Toutes les fois, dit-il, qu'on applique l'oreille nue ou armée d'un stéthoscope sur un muscle en contraction, et mieux encore sur une des extrémités de l'os auquel s'attache ce muscle, on entend un bruit analogue à celui d'une voiture qui roule dans le lointain, et qui, quoique continu, est évidemment formé par une succession de bruits très-courts et très-rapprochés » (1).

Plus loin, Laënnec ajoute : « En faisant les diverses expériences que je viens de rapporter, je fus souvent frappé de la ressemblance parfaite qu'a le bruit musculaire, dans ces circonstances, avec le bruit de soufflet du cœur et des artères. Dans l'expérience de la contraction des masséters, la tête appuyée sur l'oreiller, surtout si l'on contracte et resserre alternativement les muscles, on obtient un bruit tout à fait semblable à celui d'une artère qui donne le bruit de soufflet..... Cette similitude parfaite du bruit musculaire intermittent et du bruit de soufflet du cœur et des artères me paraît décider complétement les questions que j'ai posées ci-dessus, sur la nature de ce bruit, et prouver qu'il est dû à une véritable contraction spasmodique, soit du cœur, soit des artères.

« La possibilité d'un spasme du cœur n'a pas besoin d'être démontrée, puisque cet organe est muscu-

(1) *Idem*, p. 85.

laire. Quant aux artères, les fibres circulaires dont se
compose leur membrane moyenne ou fibreuse semblent
annoncer un tissu doué de la faculté de se contracter » (1).

Laënnec est encore confirmé dans son idée par la
rapidité avec laquelle le bruit de soufflet paraît ou disparaît.

Ainsi, pour Laënnec, c'est la contraction du muscle
cardiaque, c'est une contraction spasmodique des artères qui produit le bruit de soufflet.

La contraction musculaire du cœur peut-elle donner
un bruit ?

La réponse à cette question est facile, grâce aux travaux modernes.

On admet généralement aujourd'hui que le son produit par la contraction de certains muscles, a une tona-
lité qui suppose de 32 à 35 vibrations par seconde, et que
la contraction normale s'accompagne, dans le même
espace de temps, espace d'environ 32 à 35 secousses mus-
culaires. Mais, s'il en est ainsi dans les muscles de la vie
animale, il n'en est plus de même pour ceux de la vie
organique, et le cœur, en particulier, fait exception à
cette loi. Dans ce muscle, la contraction se borne à une
seule secousse, mais dont la durée est plus considérable.

Voilà comment s'exprimait M. Marey dans une de ses
dernières leçons au Collége de France (2) :

« Certains muscles paraissent avoir une fonction différente de ceux que nous avons étudiés; chez eux le
tétanos n'existe pas, et la contraction, proprement dite,

(1) Laënnec, *loc. cit.*, p. 93.
(2) Marey, *Du Mouvement dans les fonctions de la vie*, p. 460.

ne saurait se produire. Ainsi le cœur et peut-être d'autres muscles de la vie organique ne produiraient que des secousses. »

Par conséquent la contraction dn cœur ne saurait produire un bruit perceptible.

Après Laënnec, la théorie du bruit musculaire fut abandonnée, et les auteurs admirent des causes multiples. Pour Mériadec Laënnec, ces bruits résultent :

1° De la gêne qu'éprouve le sang à traverser, aussi librement que de coutume, les différents orifices du cœur ;

2° Du reflux insolite du sang à travers les orifices par où il a déjà passé ;

3° D'une modification survenue dans le jeu des valvules et dans leurs mouvements ;

4° D'un mode anormal de contraction du tissu charnu du cœur ;

5° D'une augmentation survenue dans sa force d'impulsion, etc., etc.

Pour M. Andral, c'est une augmentation de la quantité du sang. Il signale le bruit de souffle chez des individus pléthoriques, chez les sujets menacés d'une hémorrhagie prochaine, chez la plupart des femmes à l'approche de la menstruation.

Pour M. Vernois, c'est le frottement du sang contre des vaisseaux à surface interne rugueuse.

« Il ne peut exister aucun vide dans l'intérieur du système vasculaire, et à mesure que les vaisseaux se désemplissent ils reviennent sur eux-mêmes au delà même des bornes de l'élasticité contractile, pour s'adapter à la petite quantité de sang qui la parcourt.

» Dans tous les cas où il y a perte de sang subite ou

habituelle, ou bien dans les cas où il ne se fait pas assez de sang, le système artériel ne pouvant éprouver de vide intérieur, les parois des vaisseaux, par une force contractile qui leur est inhérente et n'existe que pendant la vie, se resserrent, se plissent à l'intérieur, et les conditions de frottement se trouvant exagérées, le souffle apparaît d'autant plus prononcé, que la quantité de sang qui circule dans les vaisseaux est plus faible » (1).

Moins il y a de sang dans les vaisseaux, plus le nombre des plis de leur face interne est considérable ; partant de ce point de départ, M. Vernois explique ainsi le souffle que l'on entend au cou : c'est que, dit-il, ces vaisseaux allant contre la pesanteur, ils doivent contenir moins de sang que les vaisseaux de la partie inférieure du corps ; et par suite leur face interne contenir plus de plis.

Cet auteur admet en outre qu'au niveau des éperons artériels, il existe une infiltration séreuse sous la membrane interne.

L'existence de ces plis à la face interne des artères a été mise en doute depuis longtemps déjà, et d'ailleurs fût-elle démontrée, on ne saurait lui attribuer une part dans la production du bruit de souffle, puisque M. Chauveau a prouvé le peu d'influence de l'état lisse ou rugueux de la face interne des tubes.

M. Bouillaud étudie la question surtout au point de vue clinique, il signale le bruit de souffle lorsque l'impulsion du cœur est énergique, lorsque le sang traverse

(1) Vernois, thèse de Paris, 1837, n° 478, p. 95 et suiv.

une ouverture accidentelle ou rétrécie, lorsqu'une tumeur comprime une artère, etc.

Comme Corrigan, il pense que la flaccidité des parois artérielles peut occasionner un bruit de souffle dans la chloro-anémie, etc.

Mais c'est surtout à un excès de frottement contre les parois des vaisseaux ou des orifices altérés que l'on attribuait généralement le bruit de souffle, avant le mémoire de M. Chauveau.

« Tandis que les bruits normaux, dit M. Beau (1), résultent de l'impulsion brusque de l'ondée dans les cavités du cœur, les bruits anormaux dépendent de ce que l'ondée sanguine exerce un frottement exagéré, lorsqu'il y a défaut de proportion entre le volume de l'ondée et le calibre des voies cardiaques. »

Tous les auteurs qui ont expérimenté sur des tubes inertes, Piorry, Corrigan, de la Harpe (de Lausanne), Aran, Monneret, etc., sont arrivés aux mêmes conclusions : c'est la vitesse et la fluidité du liquide qui produisent le bruit de souffle. « L'intensité du murmure est toujours en raison inverse de la densité, et surtout de la plasticité du liquide. » (Aran.)

Opinion de M. Chauveau. — Il faut arriver jusqu'à M. Chauveau pour trouver une théorie réellement scientifique de la cause du bruit de souffle.

« Tout bruit de souffle, dit M. Chauveau, résulte des vibrations d'une veine fluide intra-vasculaire qui se forme constamment lorsque le sang pénètre avec une certaine force d'une partie étroite dans une partie

____

(1) *Traité d'auscultation*, p. 294.

réellement ou relativement dilatée du système circulatoire. »

Ailleurs, M. Chauveau (1) s'exprime ainsi : « Tout
bruit de souffle indique le passage du sang dans une
partie réellement ou relativement dilatée du système
circulatoire. »

Ainsi formulée, cette théorie est trop exclusive, puisqu'il est possible d'obtenir un bruit de souffle au passage d'une partie large dans une partie étroite; mais,
pour la grande majorité des cas, elle donne la clef du
phénomène.

M. Chauveau admet bien que, dans l'écoulement par
un orifice étranglé, il y ait des vibrations au niveau
même de l'étranglement, comme on peut en juger par
le passage suivant ; mais il n'insiste peut-être pas assez
sur la relation de cause à effet qui lie ces deux phénomènes.

« La carotide d'un cheval ou une autre artère étant
mise à nu, dit M. Chauveau, si je l'ausculte après lui
avoir fait une petite plaie qui laisse échapper un mince
jet de sang de la veine fluide extra-vasculaire, poussé
en dehors avec une force équivalente à la tension totale
des artères, j'entends un souffle continu, présentant sa
plus grande force près de l'orifice d'écoulement, et mon
doigt appliqué aux environs de cet orifice peut sentir
parfois un léger frémissement vibratoire, qui devient de
moins en moins perceptible quand je m'éloigne de la
plaie vasculaire. *Or, ce souffle et ce frémissement artériel
ne sont point pas dus aux vibrations de la veine sanguine
elle-même, puisque celles-ci s'exécutent dans l'air. D'un autre
côté, souffle et frémissement ayant leur maximum d'intensité
auprès de l'orifice d'écoulement, on est forcé de placer là le*

siége des vibrations qui engendrent ces deux phénomènes (1).

Ainsi M. Chauveau constate lui-même l'existence d'un souffle et d'un frémissement qui ne sont pas dus aux vibrations d'une veine fluide? Les vibrations de la veine fluide ne sont donc pas indispensables à la production d'un bruit de souffle. On aurait pu l'admettre *a priori*, puisque la veine fluide n'est qu'un phénomène secondaire. Il suffit en effet, comme dans cette expérience, que la *cause* de la veine persiste. Cette cause doit se trouver (comme du reste l'origine première de tous les sons) dans des mouvements alternatifs produits par des phénomènes de compression et de réaction, en vertu de l'élasticité.

Opinion de M. Marey. — Je rapporte ici deux expériences de M. Marey: elles semblent prouver, dit cet auteur, « que les bruits de souffle tiennent moins à la vibration de la veine fluide elle-même qu'aux mouvements transmis par elle aux liquides et aux solides environnants.

« 1re *expérience*. Soit (fig. 35) une éprouvette de verre mince, fermée par un bouchon à deux tubulures. Une des artères du schéma A se termine par un ajutage légèrement rétréci qui traverse à frottement l'une des tubulures et s'élève dans l'ampoule. L'autre tubulure est traversée par un autre tube qui ne fait pas de saillie dans l'éprouvette et se continue inférieurement avec une des veines *v* du schéma; celle-ci se déverse dans l'entonnoir collecteur dont on connaît l'usage. Si on fait fonctionner l'appareil, un jet de liquide (veine fluide) s'élance avec vitesse par le tube *a*, s'élève jusqu'au

(1) Chauveau, *loc. cit.*, p. 25.

sommet de l'éprouvette, et coule le long des bords jusqu'à la partie inférieure, d'où le liquide s'échappe par la veine *v*. La veine liquide est mince et transparente.

« Si l'on applique l'oreille sur l'éprouvette, on entend une légère crépitation qui tient au choc du liquide contre les parois du verre, mais cela ne ressemble en rien à un bruit de souffle.

Deuxième expérience. — Si l'on retire légèrement le tube A en le faisant glisser à travers le bouchon, de façon que l'extrémité de l'ajutage soit au-dessous du niveau du liquide, comme cela se voit (fig. 34), on voit aussitôt que la masse de liquide vibre tout entière sous l'influence du jet qui la traverse ; ce jet lui-même devient gros et rugueux ; il entraîne avec lui une partie du liquide de l'éprouvette.

» Dans ces conditions, l'auscultation fait entendre un bruit de souffle très-fort, semblable à celui qu'on rencontre dans un anévrysme volumineux ; en même temps on perçoit, malgré la rigidité des parois du verre, une vibration analogue à celle qui accompagne les bruits du souffle dans les différents points de l'appareil circulatoire.

» Les deux expériences précédentes nous paraissent démontrer que le bruit du souffle tient plutôt à la vibration transmise au liquide par le courant qui la traverse qu'aux vibrations de la veine fluide elle-même. »

Dans l'expérience de M. Marey on a une veine fluide qui traverse une masse liquide et qui se renforce, comme on le voit fig. 34. Mais si c'est une représentation de ce qui se passe dans les anévrysmes où, en effet une veine fluide traverse la masse sanguine contenue dans la poche, il n'en est plus de même pour d'autres cas,

le rétrécissement aortique, par exemple, il n'y a bien
là que la veine fluide, puisqu'elle pénètre l'aorte à plein
calibre. Lorsqu'on comprime la veine jugulaire ou tout

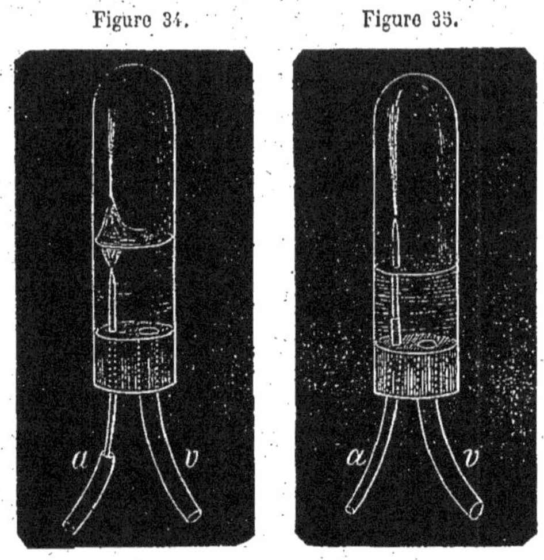

Figure 34.　　　　Figure 35.

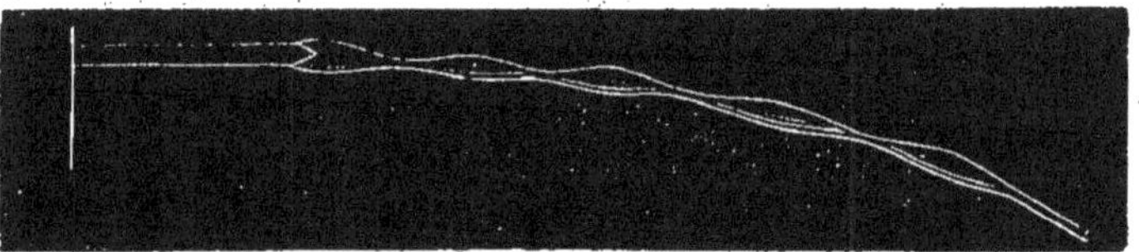

Figure 33

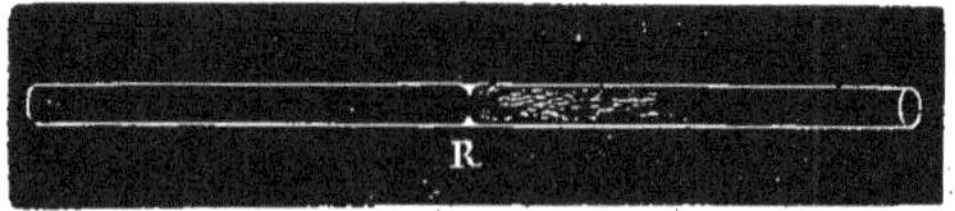

Figure 37.

autre vaisseau et que l'on produit de la sorte une veine
fluide vibrante, la condition qu'exige M. Marey (1) ne
saurait se produire, et cependant, dans tous ces cas, le

(1) « Il semble, dit M. Marey, que la cause la plus générale des
bruits de râpe soit la vibration des lèvres de l'orifice à travers lequel
se fait le courant. » La vibration des lèvres de l'orifice n'exerce
qu'une influence imperceptible, ainsi que le prouvent les expériences
de Savart. Voy. page 33. (Marey, *Physiologie médicale de la circulation*, p. 469.)

souffle et le frémissement sont bien manifestes. Cette condition du renforcement de la veine n'est donc pas indispensable. Mais il est bien évident aussi que sur le trajet d'un vaisseau il ne se forme pas une veine fluide telle que Savart l'a décrite, telle qu'elle est représentée fig. 36. Dans l'air ou dans vide (1), si on lance un jet de liquide, les vibrations s'exécutent en toute liberté et la veine a un aspect régulier, fig. 36. Mais, dans un tube à la sortie d'un étranglement, il ne saurait en être de même. On n'a plus alors une veine fluide régulière, mais on en a la partie fondamentale, la cause qui réside dans le passage même du liquide par l'étranglement. On a alors une masse liquide, fig. 37, informe, en quelque sorte, mais qui est ébranlée consécutivement, comme la veine fluide.

On rendrait à la veine sa forme régulière en enlevant la portion du tube qui suit l'étranglement.

Théorie du remous. — On pourrait croire aussi qu'en traversant un point étranglé le liquide à la suite de la pression qu'il a éprouvée tourbillonne et présente un phénomène [analogue à celui du remous (Vernois, Heynsius).

On peut se convaincre que les remous n'existent pas en faisant l'expression suivante.

Figure 38.

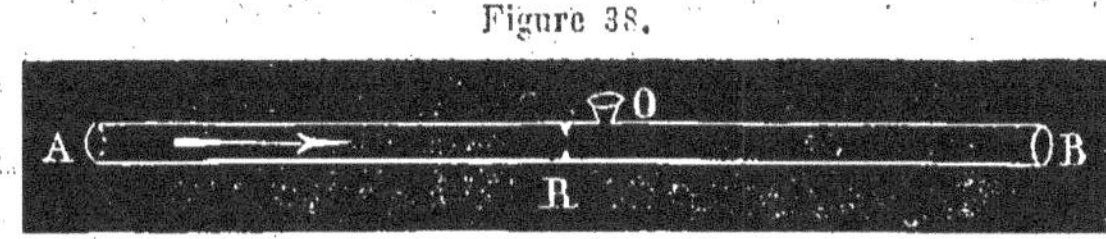

Sur un tube AB, muni d'un rétrécissement R, si on pratique une ouverture au point O, immédiatement

(1) Savart a fait écouler des veines dans le vide, et il a constaté que les éléments principaux de la veine n'étaient pas changés.

après le rétrécissement, c'est-à-dire en un point où les remous devraient exister, on constate alors que, bien loin de revenir sur lui-même, sous forme de remous qui s'échapperaient par l'ouverture O, le liquide aspire l'air extérieur.

Le but de mon travail étant de rechercher la *cause* du bruit de souffle, j'ai cru devoir insister sur ces phénomènes alternatifs de compression et de réaction qui constituent l'ébranlement primitif, cause première de tous les sons.

CHAPITRE VII.

DES BRUITS DE SOUFFLE QUI ACCOMPAGNENT UNE LÉSION ORGANIQUE.

A. *Rétrécissements organiques.* — Toutes les fois que le sang franchit une partie du système circulatoire où se rencontre une coarctation, on entend un bruit de souffle et dans certains cas, lorsque le souffle est intense, on perçoit un frémissement cataire.

Les tubes manométriques nous ont appris qu'avant l'étranglement, la tension est très-forte, tandis qu'après elle est beaucoup plus faible et quelquefois nulle, d'autre part, nous avons vu théoriquement et expérimentalement que la vitesse devenait très-grande au moment où le liquide franchit le rétrécissement; nous pourrons donc dire que les molécules sanguines sont fortement sollicitées à s'échapper par l'orifice rétréci, et comme elles ne peuvent pas toutes sortir à la fois, il en résultera évidemment que les unes seront refoulées et comprimées, tandis que les autres sortiront. Les molécules refoulées ayant acquis, par suite de leur compression, une tension plus forte, elles réagiront et sortiront à leur tour en comprimant et refoulant les premières et ainsi de suite. De là, *série des mouvements alternatifs à intervalles égaux et très-rapprochés.* Or, c'est précisément là l'origine première du son. Consécutivement, toute la masse sanguine environnante sera ébranlée; à leur tour les parois subiront l'influence de ces vibrations et on percevra le souffle et le frémissement.

B. *Insuffisances valvulaires.* — Pour expliquer le bruit de souffle que l'on perçoit dans ces maladies, la théorie de M. Chauveau enseigne qu'une veine fluide se forme au passage de l'ondée en retour par l'hiatus pathologique; ainsi, pour l'insuffisance aortique, les valvules sigmoïdes venant à se former incomplétement, le sang retombe dans le ventricule en traversant un orifice rétréci et vibre sous forme de veine fluide. Mais cette veine fluide qui prend naissance à l'orifice même de l'insuffisance et qui se propage dans le sens du ventricule, elle donnerait (si elle était la seule cause) un maximum d'intensité, non pas à la base comme on l'observe, mais à la pointe.

La même chose ayant lieu pour l'insuffisance des valvules auriculo-ventriculaires, c'est dans l'orillette, c'est-à-dire à la base qu'on devrait entendre le souffle de l'insuffisance mitrale. L'explication par les vibrations d'une veine fluide dans ces maladies est donc inadmissible.

Le frémissement que l'on perçoit dans certaines insuffisances aortiques serait tout à fait inexplicable.

Au contraire, en jetant les yeux sur l'expérience représentée fig. 19, tout s'explique rigoureusement. Sur le pourtour de l'hiatus, contre ces productions quelquefois si dures qui envahissent le bord libre des valvules malades, des molécules sanguines, sont comprimées exactement comme sur le biseau d'un sifflet, elles réagissent en vertu de leur élasticité ; de là mouvement, ébranlement primitif déterminant des vibrations secondaires dans la masse sanguine placée au-dessus, c'est-à-dire dans l'aorte. Cette masse en vibrant produit le souffle et le frémissement, souffle et frémissement qui se propagent dans le sens de l'ébranlement primitif, et comme cet ébranlement primitif est produit par l'élasticité des molécules réagissant contre le courant qui les comprime, c'est contre le courant aussi que se propageront le souffle et le frémissement. Nous l'avons constaté sur les tubes inertes, voy. fig. 19, c'est aussi ce qu'on constate sur les malades. Chez eux le souffle et le frémissement remontent l'aorte et s'entendent quelquefois dans les carotides.

« Les carotides propagent souvent le bruit de l'insuffisance des valvules semi-lunaires avec beaucoup d'intensité et s'accompagnent facilement d'un frémissement de leurs parois (1). »

Le souffle et surtout le frémissement sont beaucoup moins intenses dans l'insuffisance que dans le rétrécissement et cela s'explique facilement, puisque l'intensité de ces bruits est proportionnelle à la vitesse. Dans le cas d'un rétrécissement l'ondée sanguine lancée par une cavité presque toujours hypertrophiée a une

______

(1) Cantani, *Addizioni e note alla pathologia di Niemeyer*, p. 154.

force bien supérieure à celle que laissent passer des valvules insuffisantes.

CHAPITRE VIII.

DES BRUITS DE SOUFFLE DANS L'ANÉMIE.

Murmures veineux des jugulaires.

Siége. — Les causes et le mécanisme de ces bruits ont été l'objet de nombreuses discussions. Laënnec les comparaît « au bruit de la mer ou à celui que l'on entend lorsqu'on approche de son oreille un gros coquillage univalve. »

Il crut d'abord qu'ils étaient liés à un état inflammatoire des artères, mais, de nombreuses autopsies lui ayant montré ces vaisseaux entièrement sains, il l'attribue à un spasme des artères.

« Mais, dit-il, la carotide se soulevant à chaque diastole, imprime une petite secousse au muscle, dont le bruit de rotation paraît alors intermittent comme la saccade artérielle et ressemble beaucoup par cela même au bruit de soufflet... On doit d'ailleurs se défier de la position du sujet; et en lui faisant faire un très-léger mouvement de la tête dans le sens où on explore, ou en la soutenant, ne fût-ce que d'un doigt, on fait sur-le-champ cesser le bruit musculaire; car le bruit de rotation se manifeste surtout lorsque les muscles se contractent ou tendent à se contracter, et qu'à raison de la position où ils se trouvent et de leur antagonisme, ils sont dans un état d'extension qu'ils ne peuvent faire cesser. J'ai quelquefois soupçonné que le murmure continu dont j'ai parlé plus haut pouvait aussi dépendre d'une contraction spasmodique du sterno-mastoïdien et du peaucier, je l'ai quelquefois fait cesser, mais pas toujours, en détendant ces muscles. »

M. Andral place aussi dans les artères tous les bruits de la région du cou. On peut observer, dit-il, sur la même artère le bruit de souffle, soit continu, soit intermittent. « Une des variétés les plus curieuses de ce bruit, est celle qui rappelle tout à fait le bourdonnement d'une mouche. »

C'est aussi dans les artères que M. Bouillaud place ces bruits qu'il comparait à celui que fait entendre le jouet connu sous le nom de *diable*. Selon ce même auteur, on l'observerait plus souvent à gauche qu'à droite.

On admettait autrefois que ce bruit se passait dans les artères ; mais, depuis les travaux de Ogiez, Ward, Hoppe, Monneret et surtout de M. Aran on place généralement dans les veines le siége des murmures que l'on perçoit à la base du cou des anémiques.

Mais si on s'accorde sur le siége de ces bruits, il n'en est plus de même pour leur mécanisme. On en peut juger par ce passage de M. Cantani.

« Hamernick (de Prague) attribue le bruit de diable à un mouvement en tourbillon du sang qui remplirait incomplétement la veine jugulaire commune, et aux vibrations sonores des parois veineuses qui, fixées entre les aponévroses superficielle et profonde du cou, ne peuvent pas se déprimer malgré la réplétion incomplète du vaisseau. J'avoue ne pas comprendre cette explication, ou plutôt ne pas en saisir le principe, parce que je n'admets pas la possibilité de la réplétion incomplète des veines sans leur affaissement. Kolisko croit que le bruit de diable est dû aux *vibrations du fascia du cou, produites par le choc de la pulsation carotidienne*. La possibilité des vibrations serait due à la tension du fascia, tension déterminée par la force contratile du poumon qui tire le fascia vers la cavité thoracique. Skoda n'émet pas d'opinion bien arrêtée à ce sujet, mais il persiste dans sa conviction que les bruits susdits ne tiennent ni à un état hydrémique ni à une diminution dans la quantité du sang, et, en ceci, il est en opposition complète avec la théorie d'Hamernik. Ni l'une ni l'autre explication ne me satisfait complétement; mais celle de Kolisko me semble au moins possible, et elle a pour elle les faits suivants : 1° Ledit bruit s'entend plus fort pendant la systole ventriculaire, donc pendant la diastole des carotides (Skoda objecte que ce renforcement n'est qu'*apparent*, et qu'il est dû à la coïncidence des bruits artériels; à cela, je réponds que cette apparence de renforcement peut être certainement trompeuse et que le renforcement peut appartenir au bruit *lui-même*, et je me base sur deux cas de bruit de souffle musical, dans lesquels il s'agissait de sons aigus et non de sons sourds (*ottusi*), et où la coïncidence de la plus grande intensité du son avec la diastole carotidienne était très-marquée et ne donnait lieu au moindre doute). 2° Le bruit de diable disparaît en faisant pencher la tête et en relâchant ainsi les parties molles (et, par conséquent, aussi le fascia) du cou. 3° Enfin, comme Kolisko l'observe très-bien, ledit bruit, le plus souvent, ne disparaît pas entièrement par une pression sur les veines jugulaires, il s'affaiblit seulement, mais pas plus que si la pression est exercée dans le voisinage des veines » (1).

Cantani ajoute qu'en admettant cette théorie, le souffle musical et le chant modulé de Laënnec ne diffèrent du bruit de diable que par des différences dans *la tension du fascia du cou.*

Cherchant surtout à expliquer ces changements qui surviennent quelquefois si rapidement dans l'intensité de ces murmures, M. Peter a pensé que seul le système nerveux pouvait tenir sous sa dépendance des phéno-mènes aussi mobiles.

« Les parois vasculaires sont contractiles, dit M. Peter, elles sont sous la dépendance des nerfs vaso-moteurs, qui sont influencés directement par le grand sympa-thique, indirectement par la moelle.

« Il peut donc se produire, dans certaines conditions, un spasme involontaire de ces parois. »

Dans ces conditions, il se produit un changement brusque de calibre, un rétrécissement et sa consé-quence, une veine fluide.

Le mécanisme serait toujours le même, c'est-à-dire purement physique. Mais le spasme des vaisseaux n'a pas été constaté ; il n'est donc qu'à l'état de pure hypo-thèse.

Pour M. Parrot c'est une insuffisance des valvules veineuse ou tricuspide laissant refluer une veine fluide dans la jugulaire. M. Parrot s'appuie surtout sur de nombreuses autopsies où il a constaté l'insuffisance de ces valvules. Il ne saurait admettre dans les jugulaires un mouvement du sang assez constant pour produire

______

(1) Cantani, *Addizioni e note alla pathologia di Niemeyer*, p. 156 ; Milan, 1866.

cette continuité que l'on observe quelquefois dans le souffle ; continuité qu'interromprait forcément la systole de l'oreillette ou du ventricule.

« Cela serait inévitable assurément, dit M. Potain, si la jugulaire s'ouvrait directement dans l'oreillette ; mais la chose ne se passe point ainsi. Entre cette veine et le cœur se trouvent interposés de gros troncs veineux enfermés dans la poitrine et constamment soumis à l'aspiration thoracique ; or, ceux-ci faisant office de réservoirs et de moyen continu d'appel peuvent, en certaines circonstances, amortir et faire disparaître l'effet du reflux qu'occasionnent les contractions cardiaques.

« Il serait, d'ailleurs, encore bien plus difficile, ainsi que l'a déjà autrefois fait obsever M. Monneret, de concevoir un bruit parfaitement continu déterminé par une succession de flux et de reflux » (1).

Partant de ce fait signalé par Corrigan et par M. Vernois que les vaisseaux reviennent sur eux-mêmes lorsque leur contenu diminue de volume, M. Chauveau (2) prouve que l'anémie entraîne des changements brusques dans le calibre des vaisseaux.

« Toutes les fois que le sang se charge d'une matière étrangère, ou que sa constitution est modifiée de manière que certains de ses éléments deviennent prédominants, il tend incessamment à revenir à sa composition ordinaire, en se débarrassant, soit des substances normales en excès, soit des matières étrangères mêlées accidentellement à ces substances normales. Ainsi (pour

____

(1) Potain, *Des Mouvements et des bruits qui se passent dans les veines jugulaires.*

(2) Chauveau, *loc. cit.*, p. 22.

citer les expériences par lesquelles j'ai cherché à constater personnellement l'exactitude de ces principes), qu'une certaine quantité d'eau soit ajoutée au sang d'un animal, et, en examinant ce fluide quelque temps après, vous ne trouverez pas la proportion d'eau plus considérable qu'avant l'injection, parce que l'animal se sera débarrassé de l'excédant par ses émonctoires naturels, le poumon, la peau, les reins surtout, même le tissu cellulaire et les cavités séreuses si l'injection d'eau a été considérable et répétée. Il en sera de même de plusieurs autres substances contenues normalement dans le système vasculaire, de manière à doubler, tripler, quadrupler momentanément leur proportion habituelle, ces substances sont si rapidement éliminées que le sang recouvre en quelques heures sa composition primitive.

« Dans ces expériences, la substance en excès qu'on voit s'éliminer est introduite artificiellement dans les vaisseaux ; mais on conçoit que les choses se passeraient exactement de la même manière si cet excédant se développait spontanément au sein de la masse sanguine, car l'eau, le glycose, le sel marin en excès ne différeraient en rien, dans ce dernier cas, des mêmes substances introduites directement dans le système vasculaire.

« Or, que l'eau du sang vienne à augmenter par suite de la diminution des globules, comme cela arrive dans l'anémie, il est évident que cette eau tendra à sortir des vaisseaux, pour ramener le fluide sanguin à son équilibre de composition, et il en résultera nécessairement que la quantité totale du sang en circulation deviendra moindre. La différence sera, il est vrai, faible dans le premier moment; mais le mouvement pathologique qui provoque l'abaissement de proportion des globules s'exerçant incessamment, l'élimination d'eau et la diminution consécutive de la masse du sang se répéteront également d'une manière incessante; et cette diminution finira ainsi par prendre des proportions notables.

«Ainsi, la théorie indique que le sang doit devenir moins abondant dans l'anémie.»

Que dans des conditions physiologiques un animal se débarrasse par ses émonctoires naturels de l'eau introduite artificiellement dans le système circulatoire, et que l'hydrémie qui est en quelque sorte la préface obligée de l'anémie, ne soit qu'un phénomène transitoire, cela est incontestable.— Mais, dans certaines circonstances, ne pourrait-on pas admettre avec M. Bouillaud ou M. Beau (pléthore séreuse) qu'il existe dans le sang un excès des principes aqueux et que cet excès persiste? Quoi qu'il en soit, dans la grande majorité des cas, l'anémie s'accompagne d'une diminution réelle de la masse du sang. M. Chauveau en donne la démonstration expérimentale; il est arrivé par des mesures prises sur les vaisseaux d'un grand nombre d'animaux anémiques à constater qu'ils étaient d'un tiers moins volumineux que ceux des autres animaux. Encore dit M. Chauveau, ce chiffre peut-être trop bas, plutôt que trop haut.

Les vaisseaux des anémiques sont donc plus petits, ce qui prouve que non-seulement la masse du sang est moins considérable, mais que le système vasculaire a subi un retrait en harmonie avec la diminution du sang, en un mot le contenant s'est approprié au contenu.

Si ce retrait était uniforme et que le système vasculaire pût revenir partout avec la même énergie, il n'y aurait aucun changement brusque de calibre et le silence de la circulation ne serait pas troublé.

Mais, tandis que les veines, les petites et les moyennes artères peuvent facilement revenir sur elles-mêmes et se prêter à cette accommodation, les gros troncs artériels font exception;

« Car, dit M. Chauveau, ils sont peu contractiles et après avoir éprouvé le retrait borné que leur permet leur élasticité passive et leur légère contractilité, ils sont obligés de s'arrêter sans pouvoir suivre le mouvement d'accommodation des autres vaisseaux. »

Ailleurs, c'est une veine, dont les parois solidement fixées à des parties résistantes, ne peuvent revenir sur elles-mêmes — disposition évidente au golfe de la veine jugulaire; la partie des veines maintenue béante par son adhérence avec le tissu osseux constitue une dilatation relative, le sang qui la pénètre, entre en vibration; et ces vibrations produisent chez certains malades des bourdonnements d'oreille souvent intolérables. Ce fait a été signalé par M. Bondet; en supprimant la veine fluide ou en la laissant se former de nouveau, cet observateur faisait cesser ou reparaître le bourdonnement d'oreille; pour cela il lui suffisait d'appliquer le doigt sur les veines jugulaires et d'en interrompre ainsi la circulation. M. Bondet a observé chez un certain nombre d'anémiques, des bourdonnements d'oreille dus à cette cause, et qui auraient pu faire croire à une altération du sens de l'ouïe.

A l'embouchure de la veine jugulaire interne, on retrouve une disposition analogue, l'ouverture de ce vaisseau est maintenue béante par les adhérences avec la première côte et les tissus fibreux de la région cervicale, c'est le même mécanisme qu'au golfe de la veine jugulaire, on a encore une partie relativement dilatée. Qu'à cela vienne se joindre la compression d'un stéthoscope ou des parties voisines par suite d'une inclinaison de la tête, on aura alors un changement brusque de calibre et la conséquence inévitable des vibrations de l'ondée sanguine.

L'anémie par suite du retrait qu'elle provoque dans le système circulatoire, donne donc lieu à des changements de calibre.

Mais non-seulement on trouve des parties dilatées, mais on peut encore constater des rétrécissements directs, c'est-à-dire une coarctation fibreuse des orifices ventriculo-artériels.

« En comparant, dit M. Chauveau, l'artère pulmonaire et l'aorte aux cavités ventriculaires, je me demande si les orifices artériels du cœur ayant suivi le mouvement de coarctation des ventricules ne seraient pas constitués en état de rétrécissement par rapport aux artères aorte et pulmonaire (1). »

Ce retrait des cavités ventriculaires est très-évident et facile à constater chez les animaux qui meurent d'hémorrhagie. Si on fait une coupe des ventricules, on verra que, tandis que le ventricule droit contient encore un peu de sang, la cavité ventriculaire gauche est linéaire et presente une disposition en étoile analogue à la forme des piqûres de sangsues.

De plus, si on ausculte la région précordiale pendant

______

(1) Chauveau, *loc. cit.*, p. 36.

que le sang s'écoule, on entendra (si l'impulsion cardiaque est assez énergique), un bruit de souffle systolique, avec un maximum d'intensité à la base du cœur.

Ce bruit de souffle analogue à celui des anémiques, et comme caractères et comme siége, est de tous points identique à celui que l'on perçoit chez les individus atteints d'un léger rétrécissement aortique.

Cette théorie a été confirmée par l'observation clinique dans un mémoire récent (1), M. Bondet a cité un grand nombre d'autopsies d'anémies confirmées soit chez des mineurs, soit chez des femmes en couches, soit sur d'autres anémiques, dans tous ces cas il a constaté un rétrécissement organique de l'orifice ventriculo-aortique.

Aussi M. Chauveau a-t-il pu dire : « L'anémie confirmée a pour signe stéthoscopique essentiel un bruit de souffle cardiaque isochrone à la systote ventriculaire.

Ce bruit de souffle systolique ayant son maximum d'intensité à la base est facile à constater, mais facile aussi à confondre avec un autre bruit, ainsi que le fait observer M. Potain (2).

Ce bruit se passe dans les alvéoles pulmonaires qui sont en contact immédiat avec le cœur. Pendant la diastole, ces alvéoles sont appliqués contre les membranes qui les séparent du cœur; mais, lorsque l'organe entre en systole, il occupe moins de volume, les alvéoles n'é-

____

(1) *Gaz. méd. de Lyon*, janv. 67.
(2) M. Pidoux a fait aussi la même observation.

tant plus appliqués contre une partie résistante, l'air la pénètre et entre en vibration sous forme de veine fluide puisqu'il passe d'une partie étroite dans une partie dilatée, il en résulte une série de petites veines fluides analogues, comme siége et comme bruit, dit M. Potain, au souffle cardiaque de l'anémie.

Le diagnostic différentiel entre ces deux bruits de souffle est souvent impossible.

La seconde conclusion que M. Chauveau tire de son étude, c'est que l'anémie détermine un changement brusque de calibre à l'embouchure de la veine jugulaire. Nous avons vu ce mécanisme.

La colonne sanguine, en pénétrant la partie dilatée, entre en vibration, c'est un fait incontestable, mais il reste à se demander pourquoi ces murmures présentent quelquefois des phénomènes de redoublement. Si on supposait le courant toujours animé d'une vitesse uniforme, ce serait inexplicable, mais il est loin d'en être ainsi. Plusieurs causes interviennent qui accélèrent la vitesse du sang. C'est en premier lieu l'aspiration thoracique signalée par Barry et P. Bérard. C'est aussi l'aspiration cardiaque, admise autrefois, niée depuis, et dont l'existence est démontrée par M. Chauveau, avec l'hémodynamomètre de Poiseuille, par M. Potain, avec le sphygmographe.

« Étant donné, dit M. Chauveau, un hémodynamomètre, de Poiseuille, chargé avec de l'eau et appliqué à l'extrémité inférieure de la jugulaire d'un animal, au moyen d'un tube qui pénètre jusqu'à l'origine de la veine cave supérieure, il est évident que si l'extrémité de la colonne liquide, dans la longue branche, se place

juste au niveau du bout du tube enfoncé dans la veine
cave, ceci indiquera que la pression intérieure du vaisseau est égale à la pression atmosphérique. Il est encore
évident qu'un abaissement de la colonne hémométrique,
au-dessous de l'extrémité de ce même tube d'application, indiquera, dans la veine cave, une pression moindre que celle de l'atmosphère, c'est-à-dire une tendance
au vide produite par un mouvement quelconque d'aspiration.

« Donc, pour étudier les effets de l'aspiration veineuse
qui s'exerce dans les gros vaisseaux voisins du cœur, il
suffit d'observer l'hémodynamomètre disposé comme je
viens de le dire.

« Voici les résultats de cette observation pour un des
animaux sur lesquels j'ai expérimenté :

« L'hémodynamomètre, rempli d'eau saturée de sul-
fate de soude, avait été appliqué sur la jugulaire droite
d'un cheval. On tint l'instrument de manière à placer
sur la même ligne horizontale l'extrémité de la branche
courte et celle du tube introduit dans la veine, afin d'a-
voir un point de repère fixe pour la mesure des pressions. À peine le robinet fut-il ouvert qu'on vit l'eau,
qui remplissait presque entièrement la grande branche,
descendre rapidement au-dessous de l'extrémité du tube
enfoncé dans la jugulaire, puis s'établir des oscillations
fort remarquables, isochrones, avec les battements du
cœur, et rappelant de la manière la plus parfaite celles
qui se remarquent dans l'hémodynamomètre chargé de
mercure et appliqué sur l'artère carotique. Ainsi, à chaque diastole des ventricules, la colonne hémométrique
descendait brusquement d'une certaine quantité au-

dessous de l'extrémité de la branche courte de l'instrument, pour remonter à son point de départ à chaque mouvement de systole, et cela de la manière la plus nette et la plus régulière. »

Le même phénomène est démontré par M. Potain, au moyen de plusieurs tracés sphygmographiques. En voici deux qu'il a bien voulu me permettre de reproduire. (Voir figure 39.)

«Je disposai les choses, dit M. Potain (1), de façon que les deux leviers, celui de la jugulaire et celui de la radiale, écrivissent leurs tracés au même instant, sur le même papier, et l'un au-dessus de l'autre. Non content de cela, je transportai sur la région précordiale, mon entonnoir ou un autre instrument mieux disposé, et je recueillis ainsi les battements du cœur en même temps que ceux du pouls radial. Enfin, pour plus de certitude encore, pendant que s'écrivaient les battements du cœur, je plaçai le sphygmographe directement sur la carotide dans des cas où cette artère était facilement accessible. Il ne restait plus qu'à rapprocher tous ces tracés différents et à les superposer avec soin à l'aide d'une méthode très-précise, mais qu'il serait trop long de vous exposer ici, pour voir les coïncidences s'établir en quelque sorte d'elles-mêmes et de la façon la plus rigoureuse qui se puisse imaginer.

(1) Potain, Des mouvements et des bruits dans les veines jugulaires.

Figure 39 (1).

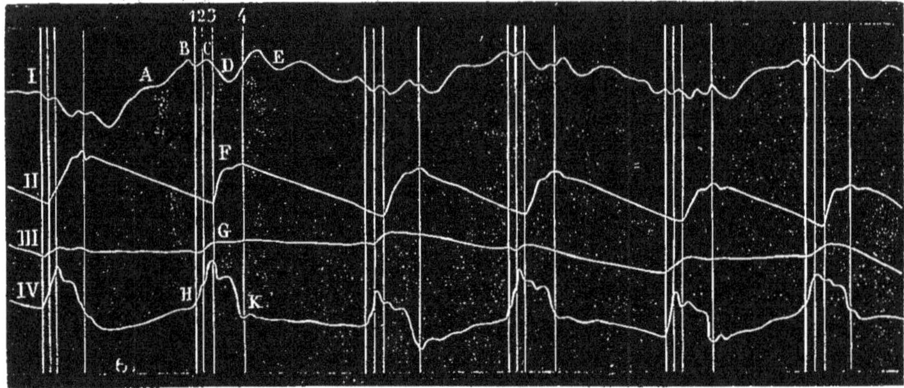

I. Battements de la veine jugulaire.
II. Battements du pouls radial.
III. Battements de la carotide.
IV. Battements de la pointe du cœur.

A. Réplétion progressive de la veine.
B. Soulèvement déterminé par *la contraction de l'oreillette.*
C. Soulèvement déterminé par *la contraction du ventricule.*
D. Affaissement produit par *la diastole de l'oreillette.*
E. Affaissement produit par *la diastole du ventricule.*
H. Commencement de la contraction ventriculaire.
K. Fin de la contraction ventriculaire, occlusion des valvules sig-
moïdes, commencement de la diastole.

1. Ligne du commencement de la systole ventriculaire.
2. Ligne du pouls carotidien.
3. Ligne du pouls radial.
4. Ligne de la diastole *ventriculaire.*

« Un soulèvement progressif (A); deux soulèvements brusques et peu étendus (B) (C); puis deux affaissements profonds (D) (E). Les mêmes mouvements se reproduisent à chaque révolution cardiaque, modifiés

(1) La figure placée ici est la reproduction du tracé dans sa dimension primitive.

seulement par les oscillations respiratoires qui s'y ajoutent et qui apportent quelques changements dans la ligne d'ensemble sans supprimer jamais aucun des détails mentionnés. Sur ce même dessin se trouvent reproduits, à l'aide des moyens que j'ai indiqués et avec les coïncidences exactement marqués par des lignes verticales, le pouls radial (II), le pouls carotidien (III), le battement de la pointe du cœur (IV). En comparant ces quatre tracés, on peut déterminer, je crois, avec certitude la signification précise de chacune des parties du premier, ainsi que vous allez en juger.

« Pour se convaincre d'abord que le tracé (I) représente bien les battements de la jugulaire et non ceux de la carotide, il suffirait, à défaut d'autres preuves, de le comparer avec celui qu'on obtient en plaçant l'instrument sur la carotide même (III), et de remarquer que celui-ci n'offre aucun des détails que présente le premier, et ne lui ressemble en aucune façon ; puis d'observer que le mouvement (B) survient à un instant où il ne saurait se produire aucun choc dans le système artériel, puisque le ventricule (B) n'a point encore commencé de se contracter.

« Si maintenant nous analysons le tracé de la jugulaire, nous y voyons clairement ce qui suit : 1° le premier soulèvement brusque (B) précède très-notablement le commencement de sa systole ventriculaire (H), plus encore le pouls carotidien (G) et le pouls radial (F) ; en conséquence, il ne saurait être déterminé par la systole ventriculaire à laquelle il est antérieur. Il se produit, au contraire, à l'instant précis où la physiologie nous apprend que se place la contraction de l'oreillette ; et, puisqu'il y a absence de tout mouvement ventriculaire à ce moment-là, c'est nécessairement à la contraction de l'oreillette qu'il le faut attribuer. Il s'explique d'ailleurs aisément par le léger reflux que la systole auriculaire détermine dans les veines voisines du thorax ; 2° la saillie (C) succède immédiatement à la systole ventriculaire (H), et coïncide exactement avec le pouls carotidien (G). Comme ce dernier, elle résulte donc de la systole ventriculaire, soit que le mouvement systolique se transmette directement au système veineux dans le moment où se produit l'occlusion de la valvule tricuspide, soit qu'il se transmette indirectement par la compression que les troncs artériels en diastole exercent certainement sur les troncs veineux dont ils sont voisins, soit enfin qu'il résulte de ces deux modes d'action combinés ; 3° la première dépression (D) se trouve dans l'intervalle des lignes verticales 3 et 4 qui indiquent : l'une, le commencement du pouls radial (F), l'autre, le moment de la diastole ventriculaire (K) ; c'est-à-dire qu'elle se produit pendant le temps où le ventricule se contracte (H K), et dans un moment où l'artère carotide est en pleine diastole (G). Par conséquent, elle ne peut avoir sa cause ni dans le retrait de l'artère ni dans le relâchement du ventricule. Mais elle correspond précisément au temps ou se fait la diastole de l'oreillette ; elle doit donc résulter de l'afflux rapide du sang veineux dans cette cavité relâchée, afflux qui désemplit aussitôt les veines du thorax ; 4° enfin le second affaissement (E) survient un peu après la diastole du ventricule (K), et il ne peut bien s'expliquer que par l'appel nouveau que cette diastole opère sur le sang contenu dans l'oreillette et qui, de proche en proche, se transmet jusqu'aux veines du cou. »

Cet autre tracé recueilli aussi dans le service de M. Potain, à l'hôpital Necker, présente les mêmes caractères; je le reproduis ici parce qu'ayant été obtenu au moyen du nouvel appareil enrégistreur (polygraphe) de M. Marey, il semble offrir encore une plus rigoureuse exactitude.

Comme on peut s'en convaincre, ce n'est que la confirmation du précédent.

Figure 40.

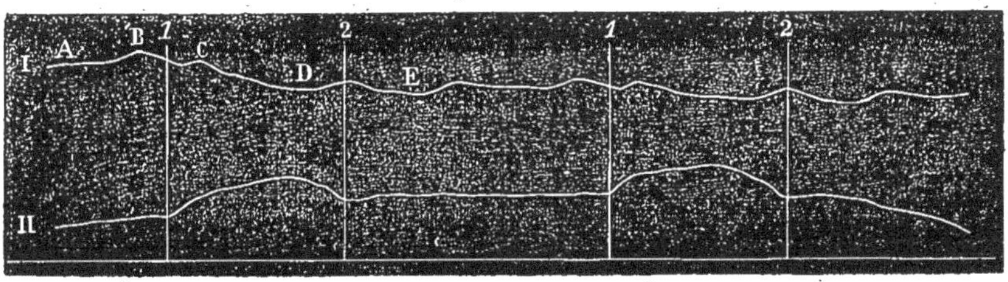

I Battements de la veine jugulaire.
II Battement de la pointe du cœur.

1. Ligne indiquant le commencement de la systole ventriculaire.
2. Ligne indiquant la fin de la systole ventriculaire.
A. Réplétion progressive de la veine jugulaire.
B. Soulèvement déterminé par *la contraction de l'oreillette*.
C. Soulèvement déterminé par *la contraction du ventricule*.
D. Affaissement produit par *la diastole auriculaire*.
E. Affaissement produit par *la diastole ventriculaire*.

Nous retrouvons les mêmes caractères : soulèvements produits par les contractions cardiaques, affaissements coïncidant avec la diastole des cavités et traduisant aussi manifestement que possible l'influence de l'aspiration cardiaque.

Ces tracés et les expériences de M. Chauveau, avec l'hémodynamomètre prouvent donc surabondamment

Bergeon.

cette succion cardiaque et donnent l'interprétation du caractère que présentent les murmures des jugulaires.

On a, en effet, tous les éléments réunis. Les molécules sanguines arrivent dans une partie relativement dilatée et, de plus, elles y sont aspirées; par conséquent, sollicitées très-vivement et avec redoublement à pénétrer la dilatation, et, pour la pénétrer, il leur faut franchir une partie relativement étroite, c'est-à-dire étranglée; il se produira donc à ce passage les phénomènes de compression et de dilatation indiqués par Savart.

Les bruits vasculaires que n'accompagne aucune altération anatomique de la face interne des parois sont donc produits, comme les bruits cardiaques, par des changements brusques de calibre. Cette condition est indispensable, et nous la retrouvons toujours. La vitesse, qui n'agit que consécutivement, mais avec une très-grande énergie, sur l'intensité du souffle, est très-variable dans les différents points du corps et soumise à des causes multiples. Tantôt elle est accélérée par l'aspiration thoracique et cardiaque, tantôt c'est sous l'influence d'une émotion morale, d'un effort musculaire, de la fièvre ; accélération qui augmente toujours proportionnellement l'intensité du bruit du souffle et le fait apparaître lorsqu'il était trop faible pour être perçu. Ces faits ont été signalés par tous les auteurs depuis Laënnec, mais on en a l'explication scientifique depuis les remarquables travaux de M. Marey. Cette action de la contraction ou du relâchement des capillaires est bien connue aujourd'hui. « C'est là surtout, dit M. Potain, qu'il faut chercher la cause de beaucoup de ces changements qui surviennent dans les bruits de souffle sans cause apparente et sans modification supposable de la composition du sang » (1.)

Certaines maladies produisent directement un changement brusque de calibre sur le trajet d'un vaisseau, comme les dilatations anévrysmales, la phlébarcterie, les tumeurs érectiles, etc. D'autres fois, c'est une tumeur qui comprime un gros tronc vasculaire et produit par conséquent un rétrécissement brusque à ce niveau.

C'est par un mécanisme analogue qu'on peut expliquer le bruit de souffle utérin, soit que l'on admette avec Haus et M. Bouillaud que l'utérus gravide comprime les vaisseaux de l'abdomen, soit que l'on admette avec M. Depaul une compression directe des vaisseaux utérins par le fœtus. Mais, comme le fait très-judicieusement observer M. Joulin, on perçoit le bruit de souffle utérin avant que le fœtus puisse produire une compression suffisante, et en second lieu c'est aux parties latérales de l'abdomen que l'on entend le plus ordinairement le bruit, ce devrait être au contraire au segment inférieur qui porte tout le poids du fœtus.

Quoi qu'il en soit, la compression des vaisseaux de l'abdomen par l'utérus gravide est incontestable; de même aussi dans certaines limites, celle des vaisseaux utérins par le fœtus.

La compression peut encore s'exercer sur le trajet du cordon ombilical; dans ces cas on perçoit quelquefois un bruit de souffle. Est-il intermittent? Pour M. Charrier (2), c'est un avertissement du danger que

(1) Potain, Des mouvements et des bruits qui se passent dans les veines jugulaires.
(2) Charrier, *Gaz. des hôp.*, 4 avril 1867.

court la vie de l'enfant ; mais c'est une indication for-
melle d'intervenir si le souffle devient continu et qu'à
cela se joignent les autres signes, l'affaiblissement des
battements du cœur. etc.

Bruit de souffle céphalique. — Fisher de Boston signala
le premier, en 1838, un bruit de souffle siégeant au vertex et s'entendant surtout au niveau des fontanelles.
Un grand nombre d'observateurs constatèrent le même
phénomène ; on crut d'abord qu'il accompagnait des
affections cérébrales (méningite, etc.). Aujourd'hui on
s'accorde généralement à le considérer surtout comme
un caractère appartenant au rachitisme. MM. Barth et
Roger le rapprochent des bruits de souffle de l'anémie (1).
« Le caractère du souffle crânien, et la coïncidence de bruits
semblables dans les vaisseaux du cou chez les sujets
rachitiques et, d'autre part, l'anémie que présentent
ces sujets, nous portent à ranger le souffle céphalique
parmi les bruits vasculaires inorganiques, c'est-à-dire
dépendants d'une altération du liquide sanguin. »

Il est bien évident que les enfants rachitiques étant
anémiques doivent être prédisposés aux bruits vasculaires puisque les altérations du sang facilitent les vibrations de ce liquide, mais comme l'altération du sang
ne peut à elle seule engendrer un bruit de souffle, il
faut encore retrouver ici la condition première : un
changement brusque de calibre. Les enfants rachitiques
étant anémiques, c'est encore le même mécanisme qui
va se produire ; la quantité du sang diminue, par suite
les vaisseaux reviennent sur eux-mêmes. Mais les sinus
veineux du crâne ne présentent-ils pas une disposition

______

(1) Dictionnaire des sciences médicales, t. VII, p. 286.

analogue à celle qui maintient béante l'ouverture inférieure de la jugulaire? Les replis de la dure-mère ne
permettant pas le retrait de leurs parois, il en résulte
que les sinus constitueront alors une dilatation relative,
et que le sang qu'ils contiennent, soumis à une tension très-faible, sera ébranlé sous le moindre mouvement.

Plus heureux ici que dans l'anémie, nous retrouvons
dans l'observation clinique des faits la confirmation de
cette théorie.

Chez les enfants atteints d'hydrocéphalie, c'est encore
un sang altéré qui circule dans les vaisseaux; comme
chez les rachitiques, nous retrouvons l'altération du liquide sanguin souvent portée à un haut degré; comme
chez les rachitiques avant l'ossification des fontanelles,
nous retrouvons au sommet du vertex des espaces
membraneux permettant l'auscultation, et cependant
chez les hydrocéphales le souffle n'existe pas. « Le bruit
de souffle, dit M. Rilliet, loin d'exister chez les hydrocéphales, manque au contraire; de sorte que l'absence
de ce symptôme serait un caractère différentiel pré-
cieux pour distinguer l'hydrocéphalie du rachitisme,
où on le trouve à un haut degré. »

C'est qu'en effet la condition première manque. Chez
les hydrocéphales, les sinus veineux loin d'être retenus
béants par leur adhérence avec les feuillets de la dure-
mère, sont, au contraire, refoulés par l'accumulation du
liquide dans les cavités encéphaliques. La compression
étant uniforme, un changement brusque de calibre ne
saurait se produire; aussi, malgré la présence des autres conditions le souffle n'existe pas.

Ce fait de l'absence du souffle céphalique dans l'hydrocéphalie viendrait en quelque sorte confirmer la théorie qui place dans le retrait inégal des vaisseaux la cause première du souffle de l'anémie.

CONCLUSIONS.

1° C'est en vertu de l'élasticité que les corps exécutent les oscillations que produisent les sons.

2° L'élasticité est mise en jeu par des phénomènes de compression.

3° Ces phénomènes de compression et de réaction, en vertu de l'élasticité, ont lieu entre les molécules d'un liquide : 1° toutes les fois qu'il s'échappe avec une certaine force d'une partie étroite dans une partie réellement ou relativement dilatée, ex. : rétrécissements organiques : 2° toutes les fois qu'il existe contre le courant une partie rigide présentant une disposition analogue à celle du bizeau dans les tubes à embouchure de flute, ex. : insuffisances valvulaires.

4° Ces phénomènes de compression et de réaction constituent l'ébranlement primitif, source première de de tous les sons.

5° L'ébranlement primitif produit des vibrations dans la masse fluide environnante. Ces vibrations ont lieu dans le sens de l'ébranlement primitif.

6° Un changement brusque dans le calibre du vaisseau est la seule condition capable de produire un bruit de souffle.

7° Les changements brusques de calibre agissent en modifiant profondément l'état de la circulation, l'écoulement devient intermittent par suite des phénomènes de compression et de réaction qui constituent l'ébranlement primitif.

8° L'intensité du bruit de souffle sera directement proportionnelle à la vitesse.

9° La viscosité et la pression agissent surtout en modifiant la vitesse, mais elles paraissent aussi limiter les vibrations secondaires de la masse liquide.

10° Les bruits musicaux tiennent à des conditions particulières de la vibration du sang ou à la vibration de corps placés sur le trajet d'une veine fluide, tels que des valvules veineuses ou des productions fibreuses pathologiques.

11° On peut toujours, toutes les fois qu'on entend un bruit de souffle, sur le trajet d'un vaisseau, retrouver un changement brusque de calibre permanent ou temporaire.

FIN

A. Parent, imprimeur de la Faculté de Médecine, rue M.-le-Prince, 31.

www.ingramcontent.com/pod-product-compliance
Lightning Source LLC
Chambersburg PA
CBHW061351060726

47597CB00003B/813